黄土地区土石坝病害GPR法探测研究

吕 高 刘乃飞◎著

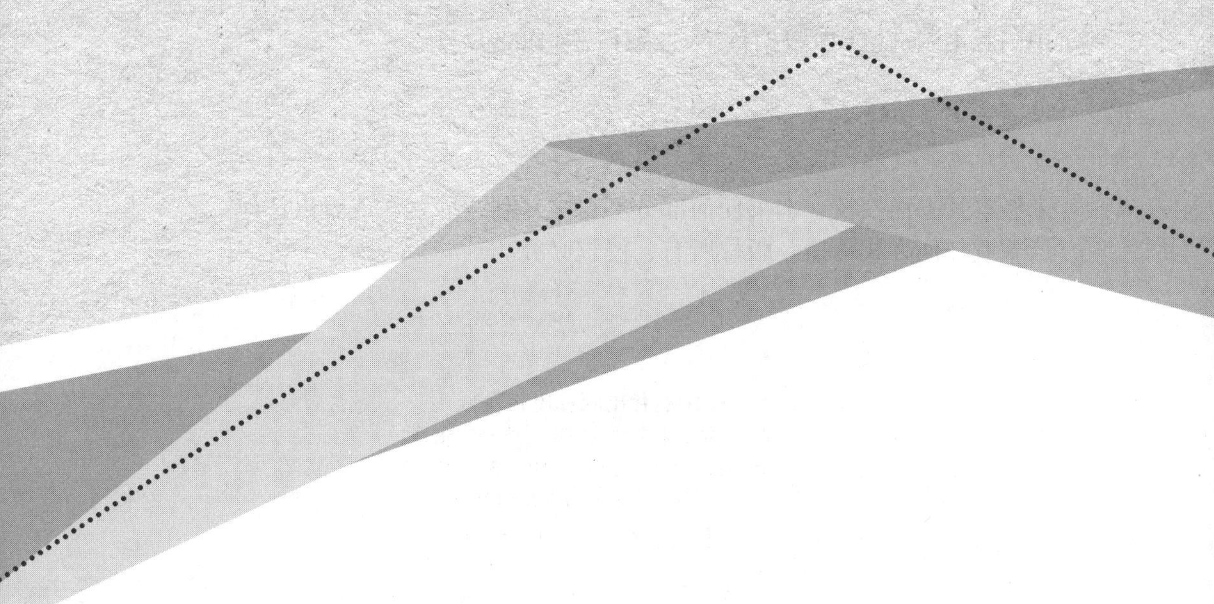

中国石化出版社

内 容 提 要

本书系统阐述了地质雷达快速无损检测的方法，采取室内试验、解析分析、数值仿真以及现场监测试验等研究手段，对黄土的相对介电常数性质及界面电磁波反射透射机理、地质雷达探测成像规律及影响因素等进行了系统深入的研究，进而建立了基于地质雷达方法的点状及层状地质模型，通过正反演研究最终实现了对地质雷达图像数据的科学解译，达到了对黄土地区土石坝快速无损检测的目的。

本书可供水利工程与岩土工程领域的科研工作者、工程技术人员以及高校相关专业的师生使用和参考。

图书在版编目（CIP）数据

黄土地区土石坝病害GPR法探测研究/吕高，刘乃飞著.
—北京：中国石化出版社，2021.9
ISBN 978-7-5114-5667-0

Ⅰ.①黄…　Ⅱ.①吕…　②刘…　Ⅲ.①黄土区-土石坝-电磁法勘探-研究　Ⅳ.①TV641②P631.3

中国版本图书馆CIP数据核字（2021）第186897号

中国石化出版社出版发行

地址:北京市东城区安定门外大街58号
邮编:100011　电话:（010）57512500
发行部电话:（010）57512575
http://www. sinopec-press. com
E-mail:press@sinopec. com
北京柏力行印刷有限公司印刷
全国各地新华书店经销

*

710×1000毫米16开本10印张179千字
2021年11月第1版　2021年11月第1次印刷
定价:50.00元

前　　言

随着黄土地区土石坝的快速建设，与之而来的问题便是土石坝的实时安全监测与病险排查。土石坝常年经受着水流的渗透、侵蚀、冲刷、磨损等作用，以及地震、曝晒和冰冻的破坏，再加上设计和施工中留下的缺陷或隐患，随着这些破坏和缺陷的不断发展，从量变走向质变，最终会酿成破坏性的事故。

为保证坝体安全运行，需要在日常进行相关的定期检查，从而制定更有针对性的防治措施。地质雷达（Ground Penetrating Radar，GPR）技术具有无损性、连续性、整体性、快速性以及高分辨率等优点，更适用于快速、有效地发现土石坝体及相应关键部位的隐患及缺陷。

本书采用地质雷达快速无损检测的方法，采取室内试验、解析分析、数值仿真以及现场监测试验等研究手段，对黄土的相对介电常数性质及其界面电磁波反射透射机理、地质雷达探测成像规律及影响因素等进行系统深入的研究，进而建立了基于地质雷达方法的点状及层状地质模型，通过正反演研究最终实现了对地质雷达图像数据的科学解译，达到了对黄土地区土石坝快速无损检测的目的。

全书共7章。第1章从土石坝病害机理及主动探测方法提出问题，并详细阐述了固结黄土增湿过程的混合体介电特性、坝体裂缝增湿水蚀的地质雷达正演成像特征研究、地质雷达二维实测数据的反演研究等几个关键科学问题的最新研究进展。第2章从地质雷达的基本工作原理入手，分析地质雷达实际探测性能及其分辨率，同时提出对实测数据的后处理措施进行以速度为评价因子的优化选择方案，通过实测数据的基本特征，深入分析水利大坝中主要地质结构所形成的地质雷达成像特征，进而将实际中的地质情况进行宏观分类。第3章基于对非饱和黄土相对介电常数与电导率的系统试验研究，分析了黄土相对介电常数与其固、气、液各相的内在关系，并提出了在不同压实度、不同含水率下的黄土相对介电常数、电导率的数理关系，以及不同地质雷达天线频率对黄土相对介电常数–含水率物理关系的影响规律。第4章用地质雷达波的时域有限差分数值方法研究了填方黄土层中存在不良地质体反射的成像曲线机理；探讨了不同地质背景、不同地质雷达主频及其分辨率、不同深度的目标体成像特征；同时对不良地质体的尺寸、形状、材料构成等对地质雷达波的成像规律进行了分析与归纳。第5章推导了地质雷达波在非饱和黄土中的特殊界面的反射波幅及电场强度，通过数值方法研究了不同含水率黄土界面反射回波强度特征，进而研究了非饱和填土层中含水率与压实度的变化对多层填土回波的成像影响机理与规律，以正演的方法建立了不同含水率地层的反射波幅–相对介电常数的数理关系，达到科学解译不良地质体的位置与几何形态的目的。第6章以某坝体实际存在的裂缝进行地质雷达法无损探测，并对裂缝的溶蚀情况进行深入分析和论证，通过本书的反演思路和方法对裂缝的分布范围及填充形态等多方面进行计算，达到了量化评价的目的。

吕高负责编写第1~5章、第6章部分内容及第7章，共计16万字，刘乃飞负责编写第6章部分内容，共计1.9万字。刘乃飞对全书内容进行了审核。本书在编写过程中还参阅了吉林大学、中国矿业大学、中南大学等高校的硕士、博士论文。在此对相关作者表示感谢！

本书获西安石油大学优秀学术著作出版基金资助，同时获陕西省岩土与地下空间工程重点实验室开放基金（项目编号：YT201901）、陕西省自然科学基金青年项目（项目编号：2018JQ5203）、中国博士后科学基金面上项目（项目编号：2017M613175）、陕西省住房城乡建设科技科研开发计划项目（项目编号：2020–K41）等项目的大力支持，在此表示感谢！

限于学术水平，书中难免存在不妥之处，恳请读者批评指正。

目　录

1 绪 论

1.1 土石坝病害机理及主动探测方法

土石坝是指由当地土料、石料或混合料，经过抛填、碾压方法堆筑成的坝，土石坝工程施工简单、地质条件要求低、造价便宜，并可以就地取材且料源丰富，因此土石坝是世界大坝工程建设中应用最为广泛和发展最快的一种坝型。

土石坝的快速建设，与之而来的问题便是土石坝的实时安全监测与病险排查，由于土石坝常年经受着水流的渗透、侵蚀、冲刷、磨损等作用，以及地震、曝晒和冰冻的破坏，再加设计和施工中留下缺陷或隐患，这些缺陷不断发展，从量变走向质变，易酿成灾难性的事故。而黄土特殊的土质结构，受扰动、浸水作用后十分敏感，导致黄土地区坝体容易出现湿陷性变形，随之产生坝体裂缝并逐渐劣化最终造成严重后果，因此黄土地区修筑的土石坝更易形成灾害。

显然，土石坝病害及隐患的治理迫在眉睫。2017年全国水利厅局长会议中提出，实施1.2万km中小河流治理和3380多座小型病险水库除险加固，加快重点区域排涝能力和农村基层防洪预报预警体系建设。行之有效、针对性强的监测措施将是对大坝病害治理的核心问题和关键步骤。

为保证坝体安全运行，需要在日常进行相关的定期检查，并制定相关的应急预案。我国传统的坝体隐患探测方法主要是人工钻探和机械钻探等，此类方法直观直接，但费时、功效低，且局限在探测的点上。近年来，新的探测技术不断出现，如面波法、高密度电法、地质雷达法、温度监测技术、同位素示踪技术、CT技术等。无损检测技术具有无损性、连续性、整体性、快速性以及高分辨率能力等优点，更适用于快速有效地发现目标隐患。其中地质雷达（Ground Penetrating Radar，GPR）是一种利用不同物体的介电特性不同对地下或物体内不可见的目标体或界面进行定位的一种地球物理探测方法。地质雷达从诞生到现在近一个世纪中，其精确度得到了很大的提升。其便携、精度高、扫描速度快等一系列优点，使得地质雷达的应用领域也更为广泛，在水利工程探测方面，如：堤坝蚁巢与洞穴探测、大坝渗漏探测及大坝缺陷探测等。

本书基于地质雷达方法对黄土地区土石坝的裂缝分布与坝体水蚀劣化过程的探测研究具有重要的应用价值。利用地质雷达方法研究土石坝裂隙及其在水蚀演变过程中各阶段的成像分析。以探测的图像波形结果作为裂缝及水蚀程度的评估，以及坝体劣化演变过程的成像特征研究具有一定的创新性。该项研究将为土石坝安全监测研究和病害治理提供思路和依据。同时，本书的研究成果在坝体检测的研究领域有广泛的应用前景，将使现场监测方案更系统、准确地识别坝体内部缺陷和渗流区域，主动发现病害类别及其位置，便于制定针对性治理措施，降低大坝治理成本和风险。

1.2 地质雷达方法介绍

1.2.1 地质雷达简介及应用领域

地质雷达，是近些年发展起来的高效的浅层地球物理探测新技术，它利用主频为数十兆赫至千兆赫兹波段的电磁波，以宽频带短脉冲的形式，由地面通过天线发射器发送至地下，经地下目的体或地层的界面反射后返回地面，为雷达天线接收器所接收，通过对所接收的雷达信号进行处理和图像解译，达到探测前方目的体的目的。与传统的地球物理方法相比，地质雷达最大的优点就是具有快速便捷、探测精度高以及对原物体无破坏作用。因此，地质雷达在质量检测领域已逐渐被认识到并广泛应用起来。

1988年，英国D. J. Daniels等人在IEE的雷达文集中撰文，介绍了雷达的应用，并把其分为浅、中深和深三大方面。

浅层应用：探测深度小于0.5m，中心频率在500MHz以上，常用以探测隐藏物和小洞（f为10^3 ~ 10^4MHz）、墙厚（厚度小于0.25cm，精度为±14cm，f为10^3 ~ 4×10^3MHz），以及埋设的军械如地雷（f为0.5×10^3 ~ 1.5×10^3MHz）等方面。

中深层应用：深度在5m或更大，f在50 ~ 800MHz，常用以探测路面以下较有利条件的土壤中的埋设管缆；探测高速公路下、隧道周围的空洞和弱点；在低损土壤中探废弃器具；探铺砌面如机场跑道、高速公路、水泥体中的洞隙等；考古探查；探测桥梁和建筑物的完整性和基岩面、持力层等方面。

深层应用：中心频率小于100MHz，探测深度在数十至数百以至千米，常用以探测矿产、冰层、沙漠以及飞行器的地面和月球遥感。

当前，地质雷达由于使用了高频（中心频率达数百兆赫）带短脉冲（脉冲宽度小至1～2ns）和高速采样技术（采样间隔达0.8ns或更小，如0.06ns），因而其探测的分辨率高于其他地球物理探测手段。实践表明，探测深度在较大范围内，可以满足工程探测的需要。在相应条件下，可以根据探测深度与分辨率的要求选取适当的中心频率。显然，作为一种有广阔前景的有效手段，它可为工程地质勘察节约大量的钻探工作量，缩短勘测周期，提高勘测质量。在考古、建筑、铁路、公路、水利、电力、采矿及航空等领域都有重要的应用，解决场地勘查、线路选择、工程质量检测、病害诊断、超前预报、地质构造等问题。

（1）工程场地勘察

地质雷达最早用于工程场地勘查，解决松散层厚度分布、基岩风化层分布，以及节理带断裂带等问题。有时也用于研究地下水分布，普查地下溶洞、人工洞室等。

（2）埋设物与考古探察

考占是地质雷达应较早的领域，在欧洲有成功的实例，如意大利罗马遗址考古、中国长江三峡库区考古等项目都应用了雷达技术。利用雷达探测古建筑基础、地下洞室、金属物品等。在现今城市改造中，有时也需要了解地下管网，如电力管线、热力管线、上下水管线、输气管线、通信电缆等，这对于地质雷达是很容易的。目前地质雷达为地下管线探测发展了高分辨3D探测系统及软件，如PATHFINDER雷达、RIS-2K/S雷达等都可以胜任这类工作，不但可探测到水平位置分布，还可以确定其深度，得到三维分布图。

（3）工程质量检测

工程检测近年应用领域急速扩大，特别是在中国的重要工程项目中，质量检测广泛采用雷达技术。铁路公路隧道衬砌、高速公路路面、机场跑道等工程结构普遍采用地质雷达检测。主要检测衬砌厚度、脱空和空洞、渗漏带、回填欠实、围岩扰动等问题。检测厚度精度可达厘米级。

（4）金属矿化带勘查

对于浅表的金属矿化带、断层蚀变带以及掌子面附近的金属矿化带，可以用地质雷达探测。矿化带金属及氧化物、硫化物富集，电磁性质差异明显，电磁波反射清晰，可为找矿体提供参考。

（5）隧道超前预报

随着西部大开发进程的加快，西部的公路、铁路、水电等建设项目增多，大部分建设在高山峡谷地区，隧道工程数量巨大。为保证隧道施工中的人员、设备安全，保证工期和质量，节约经济投资，需要进行隧道地质超前预报。目前的超前预报是采用地震、雷达探测与地质研究相结合的办法。地震预报掌子面前100m左右，地质雷达预报20～30m范围内。目前阶段预报的准确率不高，很大程度上依赖于经验。

（6）电磁波CT

地质雷达通常工作在反射方式下，如果选用发射与接收分离的天线，就可以工作在透射方式下，进行电磁波CT成像。跨孔天线、100MHz加强型天线、低频杆式天线都可以这样使用。用雷达记录电磁波的时程，包含了电磁波的走时和振幅值，可以同时进行电磁波速与衰减成像。这种方法对于探查断裂带、密集节理带、含水带、金属含矿带、溶洞空洞都非常有效。

1.2.2 国内外地质雷达应用状况

地质雷达的历史最早可追溯到20世纪初，1904年，德国人Hulsmeyer首次将电磁波信号应用于地下金属体的探测。1910年Leimback和Lowy在专利中，用埋设在一组钻孔里的偶极子天线探测地下相对高的导电性质的区域，并正式提出了地质雷达的概念。1926年Hulsenbeck第一个提出应用脉冲技术确定地下结构的思路，指出只要介电常数发生变化就会在交界面产生电磁波反射，而且该方法易于实现，优于地震方法。但由于地下介质具有比空气强得多的电磁衰减特性，加之地下介质情况的多样性，电磁波在地下的传播比空气中复杂得多，使得地质雷达技术和应用受到了很多的限制，初期的探测仅限于对波吸收很弱的冰层厚度（1951，B. O. Steenson，1963，S. Evans）及岩石和煤矿的调查（J. C. Cook）等。随着电子技术的发展，直到20世纪70年代，地质雷达技术才重新得到人们的重视，同时美国阿波罗月球表面探测实验的需要，更加速了对地质雷达技术的发展，其发展过程大体分为三个阶段。

第一阶段，称为试验阶段。从20世纪70年代初期到70年代中期，在此期间美国、日本、加拿大等国都在大力研究，英国、德国也相继发表了论文和研究报告，首家生产和销售商用GPR的公司问世，即Rex Morey和Art Drake成立的美国地球物理测量系统公司（GSSI），日本电器设备大学也研制出小功率的基带脉冲雷达系统。此期间地质雷达的进展主要表现在，人们对地表附近偶极天线的辐射场以及电磁波与各种地质材料相互作用的关系有了深刻的认识，但这些设备的探测精度、地下杂乱回波中目标体的识别、分别率等方面依然存在许多问题。

第二阶段，也称为实用化阶段，从20世纪70年代中后期到80年代，在此期间技术不断发展，美国、日本、加拿大等国相继推出定型的地质雷达系统，在国际市场，主要有美国的地球物理探测设备公司（GSSI）的SIR系统，日本应用地质株式社会（OYO）的YL－R2地质雷达，英国煤气公司的GP管道公司雷达。在70年代末，加拿大A－Cube公司的Annan和Davis等人于1998年创建了探头及软件公司（SSI），针对SIR系统的局限性以及野外实际探测的具体要求，在系统结构和探测方式上做了重大的改进，大胆采用了微型计算机控制、数字信号处理以及光缆传输高新技术，发展成了EKKO Ground Penetrating Radar系列产品，简称 EKKO GPR系列。瑞典地质公司（SGAB）也生产出RAMAC钻孔雷达系统，此外，英国ERA公司、SPPSCAN公司，意大利IDS公司、瑞典及丹麦也都在生产和研制各种不同型号的雷达。80年代全数字化的GPR问世，具有划时代的意义，数字化GPR不仅提供了大量数据存储的解决方案，提高了实时和现场数据处理的能力，为数据的深层次后处理带来方便，更重要的是GPR因此显露出更大的潜力，应用领域得以纵向拓展。

第三阶段，从20世纪80年代至今，可称为完善和提高阶段。在此期间，GPR技术突飞猛进，更多的国家开始关注地质雷达技术，出现了很多地质雷达的研究机构，如荷兰的应用科学研究组织和代尔夫大学，法国、德国的Saint-Louis研究所（ISL），英国的DERA，瑞典的FOA，挪威科技大学和地质研究所，比利时的RMA，南非的开普敦大学，澳大利亚昆士兰大学，美国的林肯实验室和Lawrence Livermore国家实验室以及日本的一些研究机构等。同时，地质雷达也得到了地球物理和电子工程界的更多关注，对天线的改进、信号的处理、地下目标的成像等方面提出了许多新的见解。GSSI公司在商业上取得了极大的成功，并在1990年被OYO公司收购，Pulse Radar 公司、Panetradar 公司以及加拿大的SSI公司也在此时迅速发展壮大。进入21世纪以后，地质雷达逐渐向更多的领域拓展，在矿产调查、考古、地质勘探、铁路、公路、水文、农业、环境工程、土木工程、市政设施维护以及刑事勘察等各领域都有重要的应用，用以解决地质构造、场地勘察、线路选择、工程质量检测、病害诊断、超前预报、垃圾填埋场环境污染研究等问题。

我国地质雷达的研制工作起步较晚，于20世纪70年代中期，由煤炭科学研究总院重庆分院高克德教授为首的地质雷达专题小组，针对煤矿生产特点研制开发出了一套地质雷达系列产品——KDL系列矿井防爆雷达仪，开创了我国自主研制地质雷达的先河。直到80年代末90年代初，随着国内地质雷达仪器研制水平的提高及国外先进的仪器引进，国内不少高校和科研单位开展过地下目标探测方面的工作，其中电子科技大学、西安交通大学、二十二所、五十所、长春物理所、北京遥感设备研究所、北京理工大学、清华大学、西南交通大学、北京爱迪尔公司等单位先后研制过地质雷达试验系统，并在其中某些技术上取得一些成果。90年代末和21世纪初，中国矿业大学（北京）彭苏萍教授根据国内煤炭发展需要，成立仪器开发项目组，开始着手地质雷达的研制与开发，并于2004年开发出具有自主知识产权的地质雷达产品。

近几年来，地质雷达在硬件方面的发展已趋于平稳，仪器生产厂家把重点放在了数据采集速率和信噪比的提高，以及数据处理和解释软件的智能化方面。

1.2.3 地质雷达硬件技术

（1）美国的地质雷达

美国有三个地质雷达厂家，GSSI是规模较大的一家，此外有PLUS RODAR和PENETRADAR。

GSSI公司成立与1970年，1990年加入OYO集团，推出SIR-10型雷达，销售了150套，1994年推出SIR-2型雷达，4个月内销售25套。20世纪末21世纪初推出了SIR2000，最近又推出SIR3000（图1-1）。

图1-1 美国GSSI公司地质雷达主机及100MHz、400MHz天线

美国PLUS RODAR公司的PLUS RODAR Ⅴ型路用雷达，采用空气耦合型双天线，有250MHz、500MHz、1GHz、2GHz多种型号。同时可安装4个不同频率的天线，测量速度可达110km/h。

美国PENETRADAR公司创建于1974年，一直从事高精度路面雷达系统的设计开发，该公司的IRIS/IRIS-L型路面雷达已作为美国路桥检测的工业标准。在中国有十几家用户。

（2）英国的地质雷达

英国有两家雷达生产商，分别是ERA公司和SEARCHWELL公司。

（3）意大利的地质雷达

意大利意锐（IDS）公司生产的RIS-2K/MF雷达（北京博态克公司代理），为多通道雷达。IDS公司具有多年国防及卫星雷达经验，民用始于20年前，意大利电信在安装光纤前需探测地下目标，并提出了极其严格的要求，IDS公司为此研制出RIS-2K/MF雷达系统。目前配置的天线的频率有80MHz、100MHz、150MHz、200MHz、400MHz、600MHz、1200MHz、1600MHz。加拿大EKKO

Ⅳ天线，输入电压400V，光纤1000V，重复频率30kHz。

（4）瑞典及丹麦的地质雷达

瑞典生产地质雷达较早，20世纪80年代中期，ABEM公司就生产井下透射雷达，到目前工程探测及检测雷达和各类天线齐全。瑞典的MALA GEOSCIENCE公司、丹麦的依可丹公司，也都生产地质雷达。

（5）加拿大的地质雷达

加拿大的Sensors&Software公司生产的Pulse EKKO系列地质雷达在20世纪初就进入了中国（雷迪公司代理），早期产品为Pulse EKKO Ⅳ，接着有功能改进的Pulse EKKO 100。该仪器的特点是接收与数字采样都放在天线中，通用光纤与笔记本电脑通信，笔记本电脑作为记录器，抗干扰性强。但连线太多，野外使用不太方便。

（6）日本的地质雷达

日本的OYO生产地质雷达较早，20世纪80年代末就有产品进入我国，进入90年代后将地质雷达的生产转给了GSSI。

（7）国内的地质雷达

国内在20世纪80年代就开始地质雷达的研究工作，主要是为了煤矿安全，重庆煤研所和多煤矿进行了试验，主要采用模拟信号、屏幕显示技术，而不是数字雷达。90年代初外国雷达进入中国后，电子部22所和航天部爱迪尔公司也先后开始数字化雷达的研制，分别推出了自己的产品。90年代末和21世纪初，骄鹏公司与矿大研究生院也分别研制出自己的产品。

爱迪尔公司的CIDRC道路检测雷达：天线中心频率750MHz、1000MHz、2000MHz，并配有层位追踪软件，适合公路路面测量。后又开发出CBS-900地质雷达一体化机，配有高频、中频和低频天线，10MHz～2GHz系列。用于混凝土结构、路面、工程场地等各种测量。

电子部青岛22所LTD-3型地质雷达：21世纪90年代中期，电子部青岛22所原在河南新乡时就研制出LTD-3型地质雷达，配有80～1000MHz屏蔽型天线和25～2000MHz非屏蔽性天线，并配有分析软件，用于混凝土结构、路面、工程场地等各种测量。其软件最早采用小波分析方法，效果很好。

骄鹏公司GEOPEN型地质雷达：骄鹏公司的GEOPEN型地质雷达推出得比较晚，但一体化和造型设计在国内是最好的。光纤传输，25～400MHz中低频天线，250～2000MHz中高频屏蔽天线，并有GRIM型井间雷达系统，一次可采集多频信号，0.5～32MHz。

北京矿大研究生院煤矿地质雷达：北京矿大研究生院煤矿地质雷达是专为

煤矿安全探测设计的，具有防爆功能，2002年研制成功。

1.2.4 地质雷达仪器结构与特点

（1）控制、发射与接收

探地雷达主要由控制器、发射与接收天线组成。控制器是雷达的核心部分，它是由计算机配合信号发生触发器、A/D转换器共同组成。

（2）采样方式

地质雷达的A/D转换是决定地质雷达技术指标的核心部件，因为采样率非常高，采样间隔在10^{-1} ~ 10^{-2}ns之间，A/D转换的分辨率与采样率矛盾突出，通常采用多次发射，移位采样的方式达到提高采样率的目的。A/D转换的分辨率有24Bit、16Bit和8Bit几种，多数地质雷达采用16Bit和8Bit，只有少数地质雷达达到24Bit。采用高频天线时一般都采用8Bit工作方式。

（3）天线类型与方向特性

天线的类型以频率划分为低频、中频和高频。以结构特点又划分为非屏蔽及屏蔽天线。以电性参数分有偶极子天线、反射器偶极子天线、喇叭状天线。采用不同种天线结构是为了获得较高的发射效率。

低频天线：频率在80MHz以下的为低频天线，通常采用非屏蔽式半波偶极子杆状天线，无反射器，无屏蔽。天线每半极的长度为λ/4，天线总长度为λ/2。辐射场具有轴对称性，能量分散，能流密度小。因发射频率低，在介质中衰减小，可用于较深目标的探测，在场地勘察中经常采用。

中频天线：频率在100 ~ 1000MHz范围内的天线称为中频天线，采用屏蔽式半波偶极子天线。天线采用有反射器的半波偶极子天线，天线每半极的长度为λ/4，天线总长度为λ/2。反射器将辐射到后方的能量集中到前方，在前方形成较大的能流密度。具有天线体积小，发射效率高的特点。在工程勘查与检测中常使用该类天线，包括300MHz、600MHz、900MHz。100MHz加强型天线也属于该类天线，它采用高功率发射技术，探测深度可达30m左右，常用于场地勘察、线路勘察和隧道超前预报中。

高频天线：频率高于1GHz的称为高频天线，高频天线常采用喇叭形状，以提高辐射效率。该天线辐射能量集中，分辨率高，目前主要用于路面、跑道的质量检测。

非屏蔽天线的辐射是以天线轴为对称的，并且在垂直天线轴的中心平面内辐射强度最大，向两侧变小。

屏蔽天线辐射的方向性与屏蔽结构有关，以GSSI公司的100MHz屏蔽天线为例，其辐射角前后90°，左右60°。辐射能量较为集中，能流密度较大，有利于增大探测深度。

（4）天线频率与频带

频率与频带宽度是天线重要技术指标，关系到天线的探测能力。不同型号的仪器会有所差异。SIR系列雷达天线的频带宽度近似等于中心频率。

为满足不同探测目的的需要设计了多种频率的天线。以美国GSSI-SIR型雷达的天线为例，介绍一下有关天线电器指标。在天线的技术指标中输出功率的大小是很重要的。不同厂家的天线频率可能相同，但功率不同，探测深度可能不同。

1.2.5 数据采集方法

进行雷达现场探测要关注下列各环节：估计探测对象的性质特点，布置测线，进行现场记录，选择相应的天线，设置雷达采集参数，进行简单现场采集实验，估计岩土和工程介质电磁波速，改进采集效果，正式进行探测采集。

（1）探测目的与目标

探测对象特点分析对于制定勘测方案、选择合适天线、设置仪器参数等事项都非常重要，是取得良好探测结果的基础。对象特点包括对象的埋深和探测目标深度、对象的形状大小、介质环境特点、地下水位、目标与环境的电导率与介电常数等电磁特性。在此基础上进行测线走向、间距的设计及仪器参数的选择。

每个地质雷达探测项目都会有确定的检测对象、明确的检测目的和要求。在这些目的要求中应该特别清楚地明确下列要点，以便正确设置仪器参数和合理布置测线。① 探测目标深度；② 探测目标水平尺度；③ 目标是二度体还是三度体；④ 要求的分辨率；⑤ 目标与环境电磁差异的大小；⑥ 探测深度关系到雷达时间窗口的大小；⑦ 目标的水平尺度和要求的分辨率决定测线的间距，二度、三度体对应测线布置方案；⑧ 目标与环境的电磁性质差异大小决定选取多大的A/D转换位数。这些在进入现场后、开始工作前要确定下来。

（2）测线布置与标记

测线布置对于取得满意的探测结果十分关键，如果观测系统不当，肯定不能取得满意结果。测线布设应该注意两点，一是关注探测的目标是二度体还是三度体。如果是二度体，测线应该彼此平行、垂直目标轴向布设；如果是三度体，测线应该按网格状布设。二是关注探测目标水平尺度的大小及要求的水平分辨，即要求水平方向探测目标的最小尺度。两者有时是相同的，但大多数场合是不同的。测线的间距应该同时小于或等于目标尺度与分辨率尺度，以防目标漏测。在野外施工中为了节省时间有时测线间距很大，则有漏测的危险。

测量中要做好场地标记和记录打标。场地标记包括测线标记和测线上距离标记。同时，雷达记录里的标记要与场地标记相一致。

（3）观测场地与环境记录

观测现场记录很重要，它是资料解释的基础。有些环境干扰信号被记录下来，如电线杆反射、侧面墙反射、金属物品反射等，如不参考现场记录很容易被错判为地下异常体。现场记录的要点是把那些可能产生反射干扰物都记录下来，注明它们的性质、与测线的距离、位置关系等。

（4）采集参数的选择

现场测量开始前应该对雷达的采集参数进行设定，这一工作最好在进入现场前在室内完成，进入现场后可根据情况略加调整。参数设定的内容包括时间窗口大小、扫描样点数、每秒扫描数、A/D转换位数、增益点数等内容。参数设置得是否合理影响到记录数据的质量，至关重要。参数设置在雷达采集状态下用箭头键实现。

（5）探测深度与时窗长度

探测深度的选取是头等重要的，既不要选得太小丢掉重要数据，也不要选得太大降低垂向分辨率。一般选取探测深度H为目标深度的1.5倍。

（6）A/D采样分辨率

雷达的A/D转换有8Bit、16Bit、24Bit可供选用。选择24Bit动态大，强弱反射信号都能记录下来，探测深度大、时窗长时采用。16Bit，动态中等，中高频天线、探测2~5m时采用；选择8Bit动态小，采集速度快，探测深度小于1m或时窗小时采用。

（7）扫描样点数

扫描样点数Samples/Scan有128、256、512、1024、2048Sanples/Scan可供选用，为保证高的垂向分辨，在容许的情况下尽量选大。在使用的频率下一个波形有10个采样点。例如对于900MHz天线，40ns采样长度的时窗，要求每个扫描道样点数大于360Sanples/Scan，可以选择接近的值512。对于100MHz天线，500ns采样长度，样点数应大于500Sanples/Scan，可以取512或1024。样点数大对提高资料的质量有利，但耗时较长，影响前进速度。

（8）扫描速率Scans/s

扫描速率是定义每秒钟雷达采集多少扫描线记录，扫描速率大时采集密集，天线的移动速度可增大，因而可以尽可能地选大。但是它受仪器能力的限制。对于一种类型的雷达，他的A/D采样位数、扫描样点数和扫描速度三者的乘积应为常数。

增益点的作用是使测线上不同时段有不同放大倍数，使各段的信号都能清楚地显现出来，增益点的位置最好是在反射信号出现的时段附近。SIR型雷达设计的增益点从2到8个，时窗短时选2点增益，时窗长时选4或5足以。点之间的增益是线性变化的，增益的变化是平滑的。增益大小的调节是使多数反射信号强度达到满度的60%~70%，增益太大将造成削顶，增益太小将丢失弱小信号。

（9）滤波设置

滤波设置是为了改善记录质量。滤波分垂向滤波和水平滤波。垂向滤波分高通和低通，高通频率选为天线频率的1/6，高于这个频率的信号顺利通过，相当于带通滤波器里的低截频率。垂向低通频率选为天线频率的2倍，低于该频率的波顺利通过，相当于带通滤波器里的高截频率。水平滤波分水平平滑和背景剔除，目的是消除仪器和环境的背景干扰。水平平滑通常取3道平滑，背景剔除功能只在回放时起作用。

（10）采集方式

雷达的采集方式有多种，对SIR仪器有连续采集、逐点采集、控制轮采集。连续采集是最常用的采集方式，具有工作效率高的特点，便于界面连续追踪。逐点采集一般在表面起伏变化大的情况下采用，或是使用低频拉杆天线时采用。控制轮采集是通过控制论行走为记录打标记，资料位置标记均匀准确，一般在表面平整的机场跑道、高速公路路面等场合采用。

（11）显示方式

雷达显示是现场观察探测结果的只管展示，仪器预设了几个可供选择的彩色显示方式，可以根据不同对象选用，通过比较选择效果最好的方案。显示方案的振幅分成16等级，正幅值8级，负值8级。对16级的不同分法形成了三种显示方案。第一种方案是线性分割，第二种方案是平方根分割，第三种方案是按平方分割。第一种方案在大多数情况下采用，第二种方案在要求突出弱信号时采用，第三种方案在需要反映主要强反射界面时采用。

（12）正常数据采集工作程序

正常数据采集工作中并非每次都需要对所有仪器参数进行重新设置。雷达仪器有记忆，上次设定的采集参数仍在起作用。同时硬盘上存有不同天线对应的参数文件，可以根据需要调用。如果某些参数需要修改，可以调出来修改。应该特别注意下列几点：

① 核定采样窗口长度；

② 核定增益点设置；

③ 确定采集时硬盘写打开；

④ 选择显示效果。

(13) 波速与介电常数的估计与标定

电磁波速度的估计很重要，它是进行准确时深转换的基础，对于确定反射体的深度至关重要，测量中要给予特别的关注。可以有不同方法估算电磁波速：

① 根据地层类型和含水情况使用参考速度值；

② 利用已知埋深物体的反射走时求波速；

③ 利用一个孤立反射体，其垂直反射走时 T_1，偏移观测走时 T_2，偏移距 x，计算深度 H 和波速 v；

④ 作共深度点剖面（CDP），用计算方法求波速。

(14) 环境干扰和界面波相的参考记录

雷达现场探测时，为有效、可靠地识别第一个界面反射波和区分环境干扰波，要将天线远离界面和靠近界面，向左和向右反复移动几次，第一个界面反射波走时，会发生同步变化，后向的环境干扰波形会发生反向变化，将这些记录下来，以便资料分析解释时使用。

1.2.6 地质雷达数值模拟方法

(1) 起源

1966年，K. S. Yee首次提出电磁场数值计算的新方法——时域有限差分法(Finite Difference-Time Domain，简称FDTD)。经历了20年的发展，FDTD法才逐渐走向成熟。20世纪80年代后期以来，FDTD法进入了一个新的发展阶段，即由成熟转为被广泛接受和应用的阶段。FDTD法是解决复杂问题的有效方法之一，是一种直接基于时域电磁场微分方程的数值算法，它直接在时域将Maxwell旋度方程用二阶精度的中心差分近似，从而将时域微分方程的求解转换为差分方程的迭代求解。是电磁场和电磁波运动规律和运动过程的计算机模拟。原则上可以求解任意形式的电磁场和电磁波的技术和工程问题，并且对计算机内存容量要求较低，计算速度较快，尤其适用于并行算法。现在FDTD法已被广泛应用于天线的分析与设计、目标电磁散射、电磁兼容、微波电路和光路时域分析、生物电磁剂量学、瞬态电磁场研究等多个领域。

FDTD是电磁场的一种时域计算方法。传统上电磁场的计算主要是在频域上进行的，这些年以来，时域计算方法也越来越受到重视。它已在很多方面显示出独特的优越性，尤其是在解决有关非均匀介质、任意形状和复杂结构的散射体以及辐射系统的电磁问题中更加突出。FDTD法直接求解依赖时间变量的麦克斯韦旋度方程，利用二阶精度的中心差分近似把旋度方程中的微分算符直接转换为差分形式，这样达到在一定体积内和一段时间上对连续电磁场的数据取样压缩。电场和磁场分量在空间被交叉放置，这样保证在介质边界处切向场分量的连续条件自然得到满足。在笛卡儿坐标系，电场和磁场分量在网格单元中的位置是每一磁场分量，由4个电场分量包围着，反之亦然。

这种电磁场的空间放置方法符合法拉第定律和安培定律的自然几何结构。因此FDTD算法是计算机在数据存储空间中对连续的实际电磁波的传播过程在时间进程上进行数字模拟。而在每一个网格点上各场分量的新值均仅依赖于该点在同一时间步的值及在该点周围邻近点其他场前半个时间步的值，这正是电磁场的感应原理。这些关系构成FDTD法的基本算式，通过逐个时间步对模拟区域各网格点的计算，在执行到适当的时间步数后，即可获得所需要的结果。

（2）特点

① 直接时域计算。FDTD直接把含时间变量的Maxwell旋度方程在Yee氏网格空间中转换为差分方程。在这种差分格式中每个网格点上的电场（或磁场）分量仅与它相邻的磁场（或电场）分量及上一时间步该点的场值有关。在每一时间步计算网格空间各点的电场和磁场分量，随着时间步的推进，即能直接模拟电磁波及其与物体的相互作用过程。FDTD把各类问题都作为初值问题来处理，使电磁波的时域特性被直接反映出来。这一特点使它能直接给出非常丰富的电磁场问题的时域信息，给复杂的物理过程描绘出清晰的物理图像。如果需要频域信息，则只需对时域信息进行Fouricr变换。为获得宽频带的信息，只需在宽频谱的脉冲激励下进行一次计算。

② 广泛的适用性。由于FDTD的直接出发点是概括电磁场普遍规律的Maxwell方程，这就预示着这一方法具有最广泛的适用性。近几年的发展完全证实了这点。从具体的算法看，在FDTD的差分式中被模拟空间电磁性质的参量是按空间网格给出的，因此，只需设定相应空间点以适应参数，就可模拟各种复杂的电磁结构。媒质的非均匀性、各向异性、色散特性和非线性等能很容易地进行精确模拟。由于在网格空间中电场和磁场分量是被交叉放置的，而且计算用差分代替了微商，使得介质交界面上的边界条件能自然得到满足，这就为模拟复杂的问题提供了极大的方便，任何问题只要能正确地对源和结构进行模拟，FDTD就应该给出正确解答，不管是散射、辐射、传输、透入或吸收中的哪一种，也不论是瞬态问题还是稳态问题。

③ 节约计算机的存储空间和计算时间。很多复杂的电磁场问题不能计算往往不是没有可选用的方法，而是计算条件的限制。当代电子计算机的发展方向是运用并行处理技术，以进一步提高计算速度。并行计算机的发展推动了数值计算中并行处理的研究，适合并行计算的发展将更多地发挥作用。如前面所指

出的，FDTD的计算特点是，每一网格点上的电场（或磁场）只与其周围相邻点处的磁场（或电场）及其上一时间步的场值有关，这使得它特别适合并行计算。施行并行计算可使FDTD所需的存储空间和计算时间减少为只与$N^{1/3}$（N为均匀频率采样值）成正比。

④ 计算程序的通用性。由于Maxwell方程是FDTD计算任何问题的数学模型，因而它的基本差分方程对广泛的问题是不变的。此外，吸收边界条件和连接条件对很多问题是可以通用的，而计算对象的模拟是通过给网格赋予参数来实现，对以上各部分没有直接联系，可以独立进行。因此一个基础的FDTD计算程序，对广泛的电磁场问题具有通用性，对不同的问题或不同的计算对象只需修改有关部分，而大部分是共同的。

⑤ 简单、直观、容易掌握。首先，由于FDTD直接从Maxwell方程出发，不需要任何导出方程，这样就避免了使用更多的数学工具，使得它成为所有电磁场计算方法中最简单的一种。其次，由于它能直接在时域中模拟电磁波的传播及其与物体作用的物理过程，所以它又是非常直观的一种方法。由于它既简单又直观，掌握它就不是件很困难的事情，只要有电磁场的基本理论知识，不需要数学上的很多准备，就可以学习运用这一方法解决很复杂的电磁场问题。这样，这一方法很容易得到推广，并在很广泛的领域发挥作用。

（3）模拟步骤

① 吸收边界条件

用FDTD分析电磁散射、辐射等开放或者半开放性质问题时，受计算机内存容量限制，不可能直接对无限的空间进行计算，因此必须在截断处设置适当的吸收边界条件，以便用有限网格空间模拟开放的无限空间。目前对吸收边界条件比较系统和深入的研究，主要是沿着两个方向进行的：一是在边界上引入吸收材料，电磁波在无反射地进入吸收材料后被衰减掉，如PML；二是通过波动方程的因子分解获得单行波方程并取近似来建立吸收边界条件。

Mur吸收边界条件以实施方便简单、吸收效果较好而获得广泛应用。然而，在使用中注意到，一阶近似的Mur吸收边界条件虽简单易行，但直角坐标系下采用Yee网格划分，在角区域称作较大误差，且不易向三维推广，而二阶近似尽管精度较高，但编程复杂，且在三维情况下还可能出现结果发散的现象。

完全匹配层（PML）首先由Berenger提出。通过在FDTD区域截断边界处设置一种特殊介质层，该层介质的波阻抗与相邻介质的波阻抗完全匹配，因而入射波将无反射地穿过分界面而进入PML层。并且，由于PML层为有耗介质，进入PML层的投射波将迅速衰减，即使PML为有限厚度，它对于入射波仍有很好的吸收效果。

廖氏吸收边界条件可以看作利用Newton后向差分多项式在时空对波函数进行外插的结果，是将边界上的场值用垂直于边界上采样点的场值来表达。其在网格外边界引起的反射比Mur二阶吸收边界条件要小一个数量级。

Tan于2001年提出的驻波-行波边界条件是在FDTD计算空间的边界设置理想导体，波到达边界将发生全发射，若边界是理想导电（磁）壁，则切向电（磁）场为零，切向磁（电）场是入射场的两倍，同时反射场将向回传播，在区域内部形成驻波，随着时间的推移驻波向内扩展，而在反射波未到过的区域场仍呈外行波状态，要将反射波滤除，只需在每个时间步迭代时将算出的边界磁场（对理想导电壁而言）或边界电场对理想导磁壁除以2即可。

② 激励源设置

FDTD法建模中，除了需要在足够的网格空间中模拟被研究的媒质外，合理进行激励源的建模也十分重要。因此，需要尽可能使源的特性与实际物理模型性质一致。根据激励源的能量来源不同，可以将激励源分为外激励源和内激励源。如果源的能量在计算区域外部，采用特定极化、给定方向的平面波形式作为激励源。而对于内激励源，这方面的研究较少。它主要由电压源或电流源产生。这些内部源一般采用理想源模拟，如普遍采用电流密度J，它是麦克斯韦方程中产生电磁场的主要激励源。由于电流源是个理想源，所以不一定是激励源的最合理模拟。同样，采用理想电流源还是采用有限内阻的电压源都会影响被研究物体的近、远场特性。而且在大多数EMI/EMC问题中，被研究的激励源要比偶极子复杂得多，且辐射源的内部构造也将影响整个辐射特性。因此FDTD法中合理进行激励源建模很重要。需要根据具体的物理现象对激励源建模，从而根据FDTD方程得到最符合实际的电磁特性预测。

③ 网格剖分技术

传统的FDTD法都是采用直角坐标系中均匀的巨型网格，差分格式所能模拟的最小尺度为一个网格，对于小于一个网格的尺寸，需要近似为一个网格，这样会给计算带来误差。当用它模拟不规则的边界时，就只好用阶梯折线来近似代替曲边。而这种近似只有在计算网格足够小的情况下才能获得高精度解，但是这又必然增加计算网格，这将大大增加计算机内存和计算时间。另外，对于电大尺寸散射体上的某些电小尺寸的局部（如小孔、窄缝、细线等），经典的FDTD法很难处理，一种改进的方法就是网格剖分技术。这种技术能在整个计算区域网格保持较大尺寸的同时，通过修正局部网格的差分格式来减小误差。这些网格剖分技术包括以下几种。

亚网格技术：Kasher和Yee提出亚网格技术。亚网格技术涉及细导线和窄缝的模拟，在不同的计算区域使用非均匀网格等。Holand和Simpson提出的细导线的模拟方法、Gillert和Hofand提出的窄缝的模拟技术、王秉中提出的增强细槽缝公式以及他对小孔耦合问题的数值模拟、Monorehio和Mittra提出的基于FDTD法和TDFEM相结合的亚网格技术非常引人注目。

共形网格技术：Mei等提出了共形网格技术，这种技术是在一些与被模拟物体表面共形的网格中使用环路积分来得到场分量方程的差分形式。Taflove从积分形式的Maxwell方程出发，提出了环路积分（CP）法，为任意形状的散射体、辐射体的模拟带来方便。

在计算区域使用非均匀网格算法：Kunz和Simpson首先提出了局部网格细化技术，采用这种方法只需在需要细致模拟的部分使用细分网格，而其余部分则可用粗网格。Gao. B. Q等人发展了扩展网格技术。王加莹等人提出了处理复合导体边界的规则连接面的子域连接法，以时间的增加来换取计算空间。另外，还出现了三角形网格、六边形网格以及平面型广义网格。在提高计算效率方面还有PSTD方法及MRTD方法。

（4）模拟计算方法

本文采用地质雷达正演模拟中常用的时域有限差分方法，依托爱丁堡大学Giannopouls博士开发的GPRMAX2D软件，GPRMAX2D是基于时域有限差分算法的数值仿真软件，界面如图1-2所示。

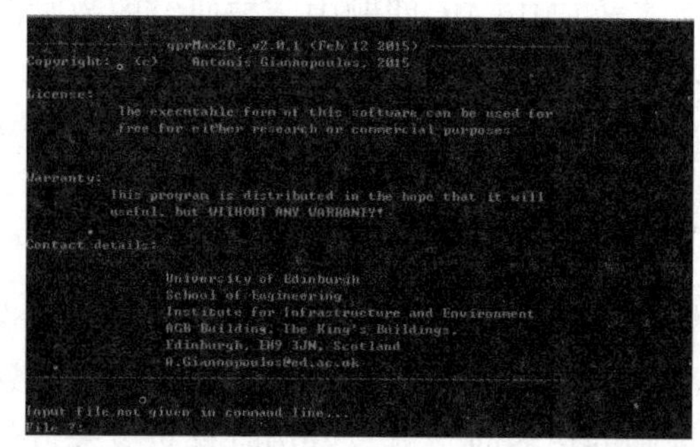
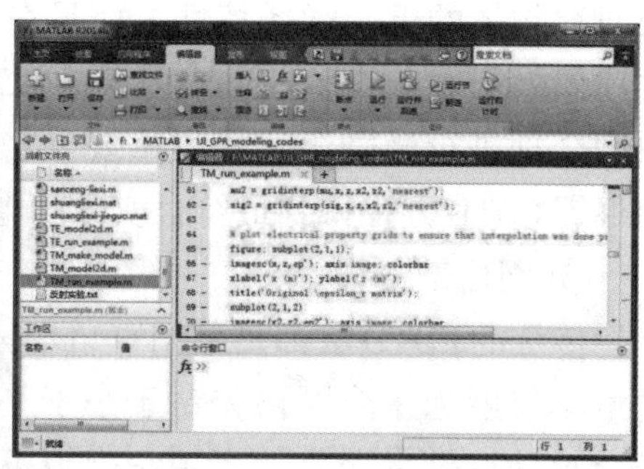

图1-2　GPRMAX及MATLAB界面

该软件建模方法精细，时域有限差分计算速度较快，结合MATLAB进行后期文件的读取与编辑，使得正演结果的图像显示精准，而MATLAB强大的矩阵分析能力，使得图像数据实现数字化的计算。根据以上特点，本文尝试将图像化的定性结果以数据化的定量结果进行科学的解释和分析。

1.3 主要科学问题及发展趋势

地质雷达方法的基本理论与解析算法是基于电磁波理论及Maxwell方程的解法，因此，地质雷达的工程问题必然与电介质、数值解法有密切联系。本书在土石坝的GPR方法应用过程中的科学问题主要集中在以下几个方面：固结黄土增湿过程的介电特征、坝体裂缝增湿水蚀的地质雷达正演成像特征，以及二维实测数据的正则化反演研究。本书的主要科学问题同时也是国内外学者研究的热点，具体研究进展分为以下三点。

1.3.1 固结黄土增湿过程的混合体介电特性研究

地质雷达是利用岩土体的电磁性质的差异进行探测，而相对介电常数、电导率以及磁导率是表征岩土电磁性质的主要参数，其中相对介电常数对电磁波回波成像影响最为显著。黄土地区土石坝的主要填筑材料为黄土，在增湿作用下，固结黄土介电性能变化明显。因此针对岩土体中含水率与相对介电常数之间的关系研究是国内外专家研究的热点话题。目前主要研究成果分为以下两类：

（1）经验模型：国外学者最初以大量的岩土体室内实验进行分析，通过土样相对介电常数与体积含水量的关系建立的实验模型，比较常用的经验公式如表1-1所示。

表1-1 土样相对介电常数与含水率的经验模型

经验公式	实验条件
$\varepsilon=1.40+87.6\theta-18.7\theta^2$	$f=50$ MHz（Wensink）
$\varepsilon=3.2+41.4\theta-16.0\theta^2$	$f=1.0$ GHz（Wensink）
$\varepsilon=3.14+23.8\theta-91.6\theta^2$	$f=0.3\sim1.4$ GHz；$\theta<0.6$（Wang）
$\varepsilon=3.30+9.3\theta-146.0\theta^2-76.7\theta^3$	（TDR）Topp
$\varepsilon=40\theta-3.9+\sqrt{44.8-392\theta+1600\theta^2}$	$f=1\sim1.5$GHz（Seling and Mansukhani）
$\varepsilon=\left[0.573+0.582\rho_{\text{bulk}}+(7.755+0.792\rho_{\text{bulk}})\ \theta\right]^2$	Skierucha

不难发现，不同的经验公式需要不同的应用条件，比如频率、岩性等约束条件，任何一个经验公式都不能较为准确地适用于其他岩土体。

（2）体积混合模型：体积混合模型是指以混合介质中各组分的体积比及各组分的介电性质来确定整体相对介电常数的数学表达式，该模型的主要思路是对土体的固、液、气三相的比例加以考虑。

Brown最早以数学推导的方法提出两种层状介质的混合介电模型：

$$\varepsilon_m^* = f_1 \varepsilon_1^* + (1 - f_1 \varepsilon_2^*) \tag{1-1}$$

式中，ε_m^*、ε_1^*、ε_2^*分别为混合介质相对介电常数、第一层介质相对介电常数、第二层介质相对介电常数；f_1为第一层介质体积比。

Looyenga通过假定混合介质是在相对介电常数为（ε+Δε）的介质中不断加入相对介电常数为（ε−Δε）的细小圆粒状介质，直到相对介电常数达到ε而形成的，从而得到如下体积混合模型：

$$\sqrt[3]{\varepsilon} = \sum_{i=1}^{n} \sqrt[3]{\varepsilon_i} v_i \tag{1-2}$$

式中，ε_i和v_i分别为各组分的相对介电常数及体积含量。

Birchak引入复传播常数提出分层介质的体积混合模型如下：

$$\sqrt{\varepsilon_m^*} = f_1 \sqrt{\varepsilon_1^*} + f_2 \sqrt{\varepsilon_2^*} \tag{1-3}$$

在非饱和土中，该式可表达为：

$$\sqrt{\varepsilon_m^*} = \theta \sqrt{\varepsilon_w^*} + (1 - \theta) \sqrt{\varepsilon_s^*} \tag{1-4}$$

式中，θ为土体体积含水量；ε_w^*、ε_s^*分别为水和土颗粒的复合相对介电常数。

Dobson认为介质中应考虑结合水和空气，因此提出修正公式：

$$\varepsilon_m^*(f)^\alpha = v_\alpha \varepsilon_\alpha^*(f)^\alpha + v_s \varepsilon_s^*(f)^\alpha + v_{fw} \varepsilon_{fw}^*(f)^\alpha + v_{bw} \varepsilon_{bw}^*(f)^\alpha \tag{1-5}$$

式中，a、s、fw、bw分别为空气、土颗粒、自由水、结合水；α为土性识别常数，大多数土取值0.5。

Francesco利用时域反射仪对积雪的相对介电常数中的液态水体积含量进行分析，建立柱状有限元模型，分析不同深度下积雪介电性能。Kameyama分析土壤中木炭含量对整体相对介电常数以及对时域反射仪探测影响。Anh利用地质雷达的图像剖面和水力参数联合估算探测区域含水分布。Thring以土壤材料中的重力水为研究对象，通过TDR单独分析重力水含量及介电参数变化趋势。Maruyamaa以相对介电常数入手研究结构水以及水的分形形态。Thomas通过相对介电常数与含水量的关系调查区域内地层含水率。

近年来，国内关于土壤及岩石的相对介电常数的研究如下：

刘丽娜的主要研究内容是较大范围内的浅层土含水率的反演研究，主要用以遗传算法优化后的神经网络算法，以室内实验研究的关系模型应用于现场。巨兆强研究中国最基本的几种土壤类型的介电特性，土壤物理化学成分的差异是造成介电特性差异的根本原因，土壤中有机质的体积含量对土壤的介电特性影响也至关重要。潘金梅研究东北地区的黑土，通过分离土壤中的有机成分，对比研究有机成分对土壤的相对介电常数影响程度，随着土壤中有机成分的含量降低，相对介电常数增大。孙宇瑞以综合方法研究非饱和土壤相对介电常数的测量，借助介质物理、光学等基本理论进行实验。胡庆荣研究土壤中的盐质成分对土壤相对介电常数的影响及关系，并将盐质成分的影响因素对Dobson的土壤混合介电模型加以修正，并以此修正模型研究吉兰泰实验地区的盐质土壤对地质雷达成像特征的影响。朱安宁研究4种不同性质的土壤，并建立潮土、风沙土、红壤、水稻土的相对介电常数与含水率的经验关系，以此关系修正Topp模型，校正Herkelrath模型的系数。侯晓冬主要以地质雷达研究土壤污染程度的方法，首先建立受到污染土壤的相对介电常数与污染土壤多种参数的相互关系，应用神经网络技术将相对介电常数与污染土壤的多个参数紧密连接。因此这种方法对于定量分析并评判土壤污染程度具有良好的效果。王湘云针对197块岩石标本的相对介电常数的测量结果，研究微波频率变化对岩石标本的影响，同时分析岩石的密度、结构、化学成分以及岩石类型的相互影响规律。赵淑芳研究电场频率、压力、温度等与岩石相对介电常数的影响及其变化规律。冯启宁主要研究岩石岩性、饱和度、矿化程度、孔隙率等因素对相对介电常数的影响。庞天海利用相对介电常数测试仪，对钻探过程中产生钻屑进行测试，通过相对介电常数的变化，判断泥岩、页岩地层的强度变化以及水化膨胀。张勇研究非均匀固体混合介质在不同频段的测试方法，通过计算方法得到样本相对介电常数，主要应用的函数为贝萨尔零阶场和高阶场函数。吴俊军研究火成岩、变质岩的相对介电常数，用相对介电常数反映围岩和矿物质的变化，其成果应用于探测金属矿物取得良好效果。张春宇以室内实验方法研究不同龄期混凝土的相对介电常数变化规律及关系式，测量地质雷达波速研究混凝土的相对介电常数值。

根据以上岩土体介电常数的研究进展，国内外专家更多地倾向于针对具体的实际情况，提出对应的岩土相对介电常数经验模型，但在西部黄土增湿过程的相对介电常数规律研究仍有不足。本书以西北地区特有的黄土结构特性，基于体积模型与几何模型的相对介电常数经验模型具有较为容易识别和理解的特点，深入研究固结黄土增湿过程中的相对介电常数变化规律及其数理模型，尝试提出“固液气”混合相对介电常数的修正几何介电模型。

1.3.2　坝体裂缝增湿水蚀的地质雷达正演成像特征研究

黄土地区土石坝体在增湿过程中，必然产生黄土的湿陷过程，从而导致裂缝张开度扩张，进而发生溶腔空洞等不良地质现象，需要针对溶缝溶腔的成像特征进行一定的先验性认识，才可以快速准确地识别和判断，以数值模拟方法对黄土水蚀洞腔进行正演模拟，可以事先了解不同形态腔体的雷达反射剖面特征，为反演不良地层情况提供一定的理论支持。

雷达波在地下的传播过程十分复杂，各种噪声和杂波的干扰非常严重，正确识别各种杂波和噪声，提取有用信息是地质雷达记录解释的重要环节，关键技术是对雷达记录进行各种数据处理。由于电磁波在地下的传播形式与地震波十分相似，而且地质雷达数据剖面也类似于反射地震数据剖面，因此反射地震数据处理的许多有效技术均可用于地质雷达数据处理，但由于雷达波和地震波存在着动力学差异（如强衰减性），所以单一地移植、借鉴地震资料处理技术是不够的，反射地震与地质雷达进行了详细的比较，指出雷达波在湿的地层中衰减比在干的情况下要大，而地震波却恰好相反，地质雷达的穿透深度比地震波要浅得多。

雷达信号常规的处理方法主要有：多次叠加来压制随即噪声；单道测量记录减去各道平均值来压制相干噪声；时变增益来校正由波前扩展及介质吸收引起的信号损失；低频、高通、带通等频率域滤波消除不必要的干扰频率；反褶积处理把雷达记录变成反射系数序列以达到消除大地干扰、分辨薄层的目的；偏移处理则是把雷达记录中的每个反射点移到其本来位置，从而获得反映地下介质的真实图像，偏移处理对消除直立体的绕射、散射产生的相干干扰能起到很大的作用。

随着数字信号处理技术的发展，又产生了许多新的雷达信号处理方法，如：利用小波变换的调焦功能和频域-时域双重局部性来压制噪声；将小波和神经网络相结合实现雷达信号去噪目的；根据雷达有效信号和干扰信号在视速度上的差异，在频率-波数域上进行二维滤波，达到去噪目的；通过分形技术、Hilbert变换等方法提取雷达波的有效信息来提高分辨率；利用水平预测技术实现雷达信号水平噪声的干扰；利用雷达信号的统计学特征来实现去噪的目的等。总之，雷达信号处理的方法类型很多，不同的方法用在不同的实际情况有不同的应用效果。

地质雷达解释模型主要包括正演模型和反演模型。在数值模拟正演技术方面，众多的研究成果在20世纪90年代得到详尽的报道。其中有代表性的文献有：Burke and Miller（1984）和Turner（1994）分别采用磁矩法模拟了半空间的线状物体的响应和在地球表面不同高度上偶极天线的近区和远区场特征，及天线输入阻抗随大地电学性质的变化；Carcione J. M.（1996，1998）阐述了有耗各向异性介质中地质雷达波理论和二维 TM 及 TE 模式波场的数值模拟技术，以及雷达天线的辐射模式研究；Cai（1995）应用射线追踪法进行了二维介质中雷达波的传播与模拟研究。随着计算电磁学技术的发展，时间域有限差分法成为地质雷达模拟计算的首选方法。在此后一段时间内，发表了大量文章描述该技术在地质雷达天线辐射正演模拟方面的应用。其中典型代表作有：Maloney et al.（1990），Tirkas and Balanis（1992），Roberts，R. L. 和Daniels，J. J.（1997）等。我国学者在这方面也进行了许多探索，沈飚等于1997年以实际发射的脉冲子波为基础，利用正演模拟技术，模拟了雷达波在层状铺垫介质中的反射曲线，分析、解释了与之对应的公路路面下的铺垫结构；西安电子科技大学的詹毅利用FDTD方法研究了脉冲地质雷达在有耗、色散、不均匀土壤中的应用；何兵寿、岳建华、邓世坤、冯德山等也利用FDTD方法对地质雷达进行了数值模拟，研究不同的电模型雷达波德响应特征，FDTD方法的应用使地质雷达的理论研究达到了一个新的高峰。

地质雷达数值正演模拟是本书的重点研究内容，通过正演模拟不同地质情况下电磁波的响应特征，有助于识别图像的异常，以便于判断目标体的位置和尺寸信息，对于提高图像解译的精度具有重要的工程意义。目前地质雷达正演模拟的方法主要有三种：射线追踪法、有限元法和时域有限差分法。其中，时域有限差分（Finite Difference Time Domain，FDTD）方法自从1966年K. S. Yee首次提出以后得到了飞速的发展，国外学者的研究较多，主要包括1969年Taylor等用FDTD方法分析非均匀介质的电磁散射，提出吸收边界来吸收外向行波，吸收边界采用最简单插值方法；1975年Taflove等用FDTD方法计算非均匀介质在正弦波入射时的时谐场（稳态）电磁散射，讨论了时谐场情况的近-远场外推，以及数值稳定性条件；Antonis Giannopoulos编写地质雷达正演模拟软件GprMax，包括二维和三维两个版本，较多学者利用此软件进行建模与分析；Tillard利用地质雷达数据的波速推导获取地下地质结构的裂缝；Rucker研究亚利桑那州和内华达州的坝体裂缝，并根据地质雷达在介质不同成像特征推导裂缝以及渗水情况；Yalciner基于数值方法建立地质介电三维模型，并以地质雷达成像中的反射特征表示垂直带状裂缝厚度与深度的增加；Pereza在汛期和枯水期对地表以下的坝体基础进行模拟，结合实际探测成果提供了详细的破坏区域，从而定位潜在的破损与高含水量区域；Avila用地质雷达探测地质的断裂带，并进行正演推导，以便获取不同岩性的断层及裂隙带。

1993年邓世坤等将地质雷达应用于钱塘江护堤抛石铺盖的探测中，对抛石铺盖的深度、形状和走向等具体参数进行了测定；1999年徐兴新等运用地质雷达对石灰岩地区水库多种隐患进行探测，表明地质雷达可避免病险水库治理的盲目性，提高效率，节约成本；2002年姬继法等结合地基勘探中常见的几种不良地质体，通过地质雷达勘测来表明其图像特征；2009年周奇才等采用FDTD方法模拟在地铁隧道施工中遇到的不良地质情况的图形特征与规律；2009年孟陆波等利用地质雷达进行超前预报掌子面前方不良地质体图像；2014年韩浩东等对隧道底部不良地质体图像上的响应特征进行了数值模拟，并结合实际工程中的岩溶及破碎带进行验证；2014年陈兴海等对物探方法在大坝渗流监测中的应用进行了全面的阐述，结合近年来勘测成果，对大坝渗漏检测技术手段发展进行分析，并讨论了大坝渗漏无损检测的发展趋势。

基于地质雷达方法的土石坝体裂缝的正演成像特征研究较为丰富，但针对黄土地区坝体裂缝水蚀过程的正演成像特征研究却不多，本书立足于西北地区特有的黄土增湿及湿陷变形特征，研究相关工程水蚀变形劣化过程的地质雷达正演成像特征，可为类似工程的黄土水蚀劣化病害问题的实际探测提供有力的理论依据和支撑。

1.3.3 地质雷达二维实测数据的反演研究

地质雷达反演问题最主要的困难是反演结果存在多解性，困难之一是观测资料不完备；困难之二是观测数据中少量的错误或误差导致反演结果有很大的变化。因此进行二维数据的反演时，尽可能多地引入先验信息、附加约束条件，以减少解的非唯一性。

在反演方面，Ramm总结了20世纪90年代Maxwell方程反问题的研究，归纳了有限差分方法反演、线性化反演、牛顿法、共扼梯度反演的优化方法；Kowalsky采用GPR与水文数据联合反演方法估算土壤水力参数，通过土壤孔隙度和含水饱和度适应岩石物性的不确定性函数，并单独使用NP数据预测并评估地下水渗流量；Soldovieri提出了一种用于处理GPR数据多频测量模式的线性反演层析方法，首先观察和调查现场介质的相对介电常数，然后用模型和精确数值重建结果散射场数据，达到较为准确的预期结果；Kalogeropoulos研究基于GPR的混凝土中钢筋锈蚀的特征图像识别，首先根据混凝土中氯含量建立全波形反演模型，识别混凝土内部的导电率梯度，并通过破损验证预测结果；Gregoire建立不同厚度和不同填充材料的实验室模型，考虑到频率范围内的弱反射系数不同，提出网格搜索算法来估计介电常数模型的厚度及其填充材料；Meincke基于第一个玻恩近似和两层介质的二元格林函数，提出使用Tikhonov正则化的伪逆算子的相对介电常数反演模型。

国内在地质雷达反演领域的代表性研究如下：吉林大学曾昭发团队从随机介质模型、数值模拟计算、探测模式以及目标参数反演四个方面建立了完整的随机等效介质地质雷达探测研究方法技术，不仅能准确获取目标体的电性参数，还能反演目标的本征地质参数和分布规律；重庆大学刘新荣团队将Tikhonov正则化方法引入地质雷达介电常数反演中，构制了地质雷达探测介电常数反演目标函数，对二维空洞模型和梯形异常体模型介电常数进行了反演；山东大学李术才团队针对传统全波形反演的初始模型和非唯一性问题，提出了基于全波形反演结果做初始模型，并利用干涉法将跨孔探测数据合成单孔反射数据的跨孔雷达逆时偏移成像方法；大连理工大学、郑州大学王复明团队以系统识别原理和灵敏度分析为基础，应用地质雷达电磁波在层状体系中的正演传播模型，建立层状体系介电特性反演方程和求解方法，将奇异值分解技术应用于反演方程的病态诊断和求解。

国内的诸多专家在地质雷达的地质层反演研究中，提出了新颖准确的反演思路和技术，本项目以地质雷达对坝体裂缝及渗水的无损安全监测为具体切入点，提出了“固液气”混合介电常数测试方法及其内在规律与数理关系，研究基于地质雷达成像与波形技术的坝体裂缝水蚀情况的gprmax正演方法及反演模型和方法，解决目前水利大坝安全监测中，如何快速无损发现坝体裂缝及渗水的空间位置等问题。本书基于正则化反演的研究方法，建立现场黄土的相对介电常数模型、坝体裂缝几何参数与GPR成像特征的关系模型，以及裂缝赋存性质与GPR反射波幅的关系模型。以这三种模型作为先验性条件进行实测数据的反演，以获得更为准确的反演结果。从理论和应用、思路和方法上都有一定的指导意义。

地质雷达有耗介质传播特性及数据后处理影响效应

地质雷达作为一种新兴起的较为高效的地球物理探测方法，已经在较为广泛的环境下取得良好的应用效果。针对地质雷达相关研究的核心思路在于认识地质雷达的主要工作原理和相关组成结果，研究其基本的探测原理以及主要构成，才能更有针对性地对其成像特征进行深入的剖析。本章从地质雷达的基本工作原理入手，分析地质雷达实际探测性能及分辨率，同时提出对实测数据的后处理措施进行以速度为评价因子的优化选择方案，通过实测数据的基本特征，深入分析水利大坝中主要地质结构所形成的地质雷达成像特征，进而将实际的地质情况进行宏观分类。

2.1 地质雷达有耗介质传播特性

在雷达探测中，岩石的介电常数起着极为重要的作用，在高频电磁场中由于极化惯性所引起的附加导电性，也是一个值得深入研究的问题。多种影响因素使得同类岩石的电阻率在很宽的范围内变化。同样，矿物的介电常数也在相当宽的范围内变化，水（80个相对单位）与某些钛、锰化合物，如金红石（达170个相对单位）具有高介电常数值。绝大多数矿物的介电常数较低，约为4～12个相对单位。主要造岩矿物的介电常数为4～7个相对单位。由于主要造岩矿物与水的相对介电常数存在较大差异，所以，具有较大孔隙度岩石的介电常数主要取决于它的含水量。泥岩由于含有大量的弱束缚水，所以其相对介电常数可高达50～60。岩石含泥质较多时，它们的介电常数与泥质含量有明显的关系。很多火成岩的孔隙度常只有千分之几，其介电常数主要取决于造岩矿物，一般变化范围为6～12。当饱和岩石的液体是石油时（介电常数=2.5），其介电常数为6～8个相对单位。

水的介电常数与其矿化度的关系较弱，如水溶液含盐的浓度等于57g/L时，同蒸馏水相比其介电常数只增加5%。与此相应，岩石孔隙中所含水的矿化度同样对其介电常数没有大的影响，水的矿化度增大导致岩石介电常数有少许增加。

2.1.1 地质雷达波在介质中的传播机理

地质雷达利用高频电磁波（主频为数十兆赫至数百兆赫乃至千兆赫）以宽频带短脉冲形式，由地面通过天线T送入地下，经地下地层或目的体反射后返回地面，为另一天线R所接收（图2-1）。脉冲波行程需要时间：

$$t=\sqrt{4z^2+x^2}/v$$

当地下介质中的波速v为已知时，可根据测到的精确的t（ns，$1\text{ns}=10^{-9}\text{s}$），由上式求出反射体的深度（m）。

式中，x（m）在剖面探测中是固定的；v（m/ns）可以用宽角方式直接测量，也可根据$v\approx c/\sqrt{\varepsilon}$近似算出（空气或者真空），其中$c$为光速（$c$=0.3m/ns），$\varepsilon$为地下介质的相对介电常数值，后者可利用现成数据或测定获得。

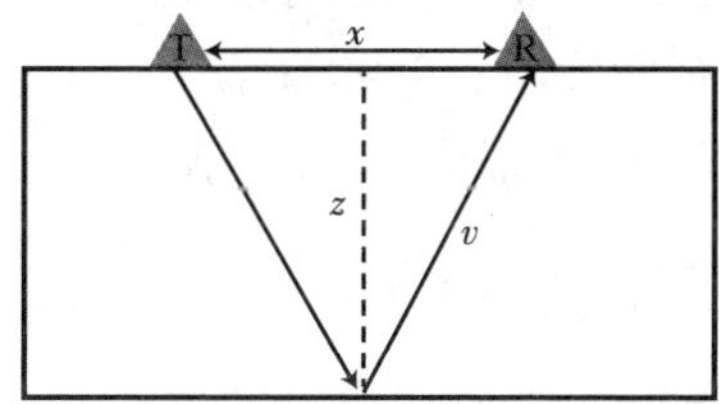

图2-1 地质雷达波发射与接收示意图

雷达图形常以脉冲反射波的波形形式记录。波形的正负峰分别以黑、白色表示，或者以灰阶或彩色表示。这样，同相轴或等灰度、等色线即可形象地表征出地下反射面。

图2-2为波形记录的示意图。图上对照一个简单的地质模型，画出了波形的记录。在波形记录图上各测点均以测线的铅垂方向记录波形，构成雷达剖面。与反射地震剖面相似，雷达剖面亦同样存在反射波的偏移与绕射波的归位问题。故雷达图形也需作偏移处理。

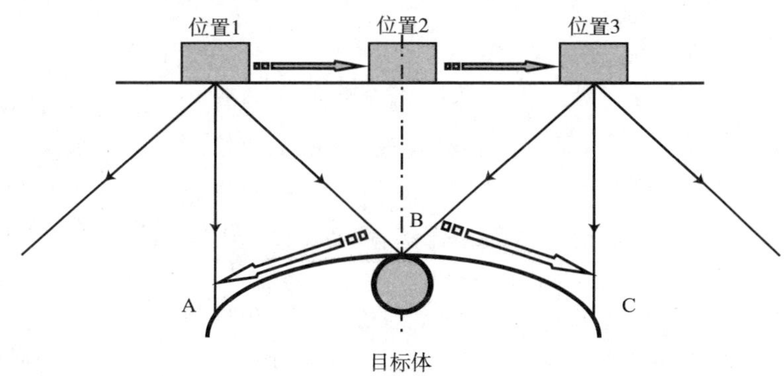

图2-2 地质雷达目标体的成像曲线机理分析

反射脉冲信号的强度，与界面的波反射系数和穿透介质的波吸收程度有关，垂直界面入射的反射系数 R 的模值和幅角，分别可由下列关系式表示：

$$|R|=\sqrt{(a^2-b^2)^2+(2ab\sin\phi)^2}/(a^2+b^2+2ab\cos\phi)$$
$$\mathrm{Arg}R=\phi=\tan^{-1}(\sigma_2/\omega\varepsilon_2)-\tan^{-1}(\sigma_1/\omega\varepsilon_1) \tag{2-1}$$
$$a=\mu_2/\mu_1,b=\sqrt{\mu_2\varepsilon_2\sqrt{1+(\sigma_2/\omega\varepsilon_2)^2}}/\sqrt{\mu_1\varepsilon_1\sqrt{1+(\sigma_1/\omega\varepsilon_1)^2}}$$

式中，μ、ε、σ 分别为介质的导磁率、相对介电常数和电导率；下角标1和2分别代表入射介质和透射介质。由关系式可以看出，反射系数与界面两边介质的电磁性质和频率 $\omega=2\pi f$ 有关。很明显，电磁参数差别大者，反射系数也大，因而反射波的能量也大。上式可以用作大致的数值估计。对于斜入射情况，反射系数将因波极化性质而变，反射系数还与入射角大小有关。介质的含水量一般也会对 ε、σ 值有所影响，含水多者 ε、σ 值变大，相应的，反射系数也会不同。波的吸收程度与衰减因子有关，表示为：

$$\beta=\omega\sqrt{\mu}\sqrt{\frac{1}{2}\sqrt{1+(\frac{\sigma}{\omega\varepsilon})^2-1}} \tag{2-2}$$

当介质的电导率很低时：

$$\beta\approx\frac{\sigma}{2}\sqrt{\frac{\mu}{\varepsilon}}=60\pi\sigma\sqrt{\frac{1}{\varepsilon}} \tag{2-3}$$

这是一个与电磁参数有关的量，随 σ 的增大而增大，随 ε 的增大而减小；但介质电导率高时，β 值则与 σ、ω 有关，而与 ε 几乎无关。表2-1列出了常见介质的有关参数。

表2-1　常见介电物理量

介质	电导率/(S/m)	相对介电常数	速度/(m/ns)	衰减系数/(dB/m)
空气	0	1	0.3	0
纯水	$10^{-4}\sim3\times10^{-2}$	81	0.033	0.1
海水	4	81	0.01	10^3
冰		3.2	0.17	0.01
花岗岩(干)	10^{-8}	5	0.15	0.01～1
花岗岩(湿)	10^{-3}	7	0.1	0.01～1
玄武岩(湿)	10^{-2}	8	0.15(干)	
灰岩(干)	10^{-9}	7	0.11	0.4～1
灰岩(湿)	2.5×10^{-2}	8		0.4～1
砂(干)	$10^{-7}\sim10^{-3}$	4～6	0.15	0.01

续表

介质	电导率/(S/m)	相对介电常数	速度/(m/ns)	衰减系数/(dB/m)
砂(湿)	$10^{-4}\sim10^{-2}$	30	0.06	0.03 ~ 0.3
黏土(湿)	$10^{-1}\sim1$	8 ~ 12	0.06	1 ~ 300
页岩(湿)	10^{-1}	7	0.09	1 ~ 100
砂岩(湿)	4×10^{-2}	6		
土壤	1.4×10^{-4}	2.6 ~ 15	0.13 ~ 0.17	20 ~ 30
			($\varepsilon_r=3\sim5$)	
	$\sim5.0\times10^{-2}$	~ 40	0.095($\varepsilon_r=10$)	
			0.15($\varepsilon_r=40$)	
肥土		15	0.078	
混凝土		6.4	0.12	
沥青		3 ~ 5	0.12 ~ 0.18	

2.1.2 有耗介质传播特性

地质雷达发射的电磁波是在地下媒质中传播。由于土体具有一定的导电性，电磁波在这种有耗媒质中的传播，和空气相比就有其独特的特点。地质雷达仪的发射、接收装置采用半波偶极天线，其特性和短偶极天线基本相同。因此，本节从均匀无限各向同性媒质中电偶极子源的辐射入手，分析电磁波在有耗媒质中的传播规律。

在频率域内（时谐因子 $e-iwt$），均匀各向同性媒质中的麦克斯韦方程为：

$$\nabla\times E=i\omega\mu H \tag{2-4}$$

$$\nabla\times E=-i\omega\tilde{\varepsilon}\mu H+J \tag{2-5}$$

$$\nabla\times E=q/\tilde{\varepsilon} \tag{2-6}$$

$$\nabla\times E=0 \tag{2-7}$$

式中，E 为电场强度，V/m；H 为磁场强度，A/m；J 为外加源的电流密度，A/m^2；q 为外加源的电荷密度，C/m；μ 为导磁率，H/m；$\tilde{\varepsilon}$ 为复介电常数。

$$\tilde{\varepsilon}=\varepsilon+i\frac{\sigma}{\omega} \tag{2-8}$$

式中，ε为介电常数，F/m；σ 为导电率，S/m。

真空的导磁率和介电常数分别为：$\mu_0=4\pi\times10^{-7}$，$\varepsilon_0=\frac{1}{36\pi}\times10^{-9}$。

通常用μ_r、ε_r表示相对导磁率和相对介电常数，即：

$$\varepsilon=\varepsilon_0\cdot\varepsilon_r,\quad \mu=\mu_0\cdot\mu_r \tag{2-9}$$

$\sigma/\omega\varepsilon$ 为媒质中传导电流密度相对于位移电流密度的比值。当 $\sigma/\omega\varepsilon \ll 1$ 时，位移电流起着主导作用，媒质的特性和电介质相近，称为准电介质；当 $\sigma/\omega\varepsilon \gg 1$ 时，传导电流起着主导作用，称为良导媒质。对于地质雷达所使用的频段来说，地下媒质一般可视为准电介质。

偶极子源满足非齐次波动方程：

$$\nabla^2\pi + k^2\pi = -P/\tilde{\varepsilon} \tag{2-10}$$

式中，P 为单位体积中外加源的电偶极矩；k 为传播常数，在导电媒质中 k 为复数：

$$k = \omega\sqrt{\mu\varepsilon} = \alpha + i\beta \tag{2-11}$$

实部 α 称为相位常数，rad/m；虚部 β 称为吸收系数，Np/m。

$$\alpha = \omega\left[\frac{\mu\varepsilon}{2}\sqrt{\left(1+\frac{\sigma}{\omega\varepsilon}\right)^2+1}\right]^{1/2} \tag{2-12}$$

$$\beta = \omega\left[\frac{\mu\varepsilon}{2}\sqrt{\left(1+\frac{\sigma}{\omega\varepsilon}\right)^2-1}\right]^{1/2} \tag{2-13}$$

对于 P，如图2-3所示，在球坐标系（R，θ，ϕ）中，θ 为矢径 R 对 Y 轴的夹角，r 为 R 在 XZ 平面上的投影，ϕ 为 r 对 X 轴的交角。水平电偶极子位于原点。其偶极矩为：

$$P = \hat{y}\theta \mathrm{d}l = \hat{y}\frac{i}{\omega}I\mathrm{d}l \tag{2-14}$$

式中，$\mathrm{d}l$ 为短天线的长度；θ 是偶极子两端的电荷；交变电流 $I = \mathrm{d}\theta/\mathrm{d}t = -i\omega\theta$。

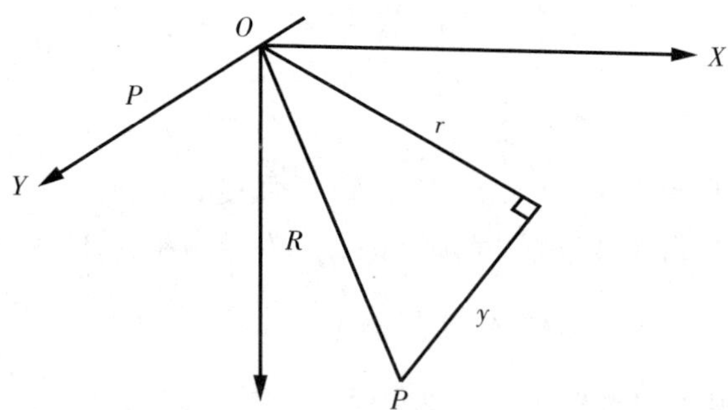

图2-3　外加源的电偶极矩

对波动方程求解得到：

$$\pi = \hat{y}\frac{P}{4\pi\tilde{\varepsilon}}\frac{\mathrm{e}^{ikR}}{R} \tag{2-15}$$

在求得 π 后，按下式计算电磁场：

$$E=k^2\pi+\nabla\nabla\cdot\pi \tag{2-16}$$

$$H=-i\omega\tilde{\varepsilon}\nabla\cdot\pi \tag{2-17}$$

从场势关系求得空间各点的场强为：

$$E_y=k^2\pi+\frac{\partial^2\pi}{\partial y^2}=\frac{k^2P}{4\pi}\frac{\mathrm{e}^{ikp}}{R}\left[\frac{r^2}{R^2}+\frac{i}{kR}\left(1-\frac{3y^2}{R^2}\right)-\frac{1}{k^2R^2}\left(1-\frac{3y^2}{R^2}\right)\right] \tag{2-18}$$

$$E_r=\frac{\partial^2\pi}{\partial r\partial y}=\frac{k^2P}{4\pi\tilde{\varepsilon}}\frac{\mathrm{e}^{ikR}}{R}\left(\frac{3}{k^2R^2}-\frac{3i}{kR}-1\right)\frac{ry}{R^2} \tag{2-19}$$

$$H_\phi=i\omega\tilde{\varepsilon}\frac{\partial\pi}{\partial r}=\frac{\omega kP}{4\pi}\frac{\mathrm{e}^{ikR}}{R}\left(1+\frac{i}{kR}\right)\frac{r}{R} \tag{2-20}$$

当接收天线处于 X 轴上并和发射天线平行时，$R=r$，$E_r=0$，这时得到主剖面（y=0）中的场强为：

$$E_y=\frac{k^2P}{4\pi\tilde{\varepsilon}}\frac{\mathrm{e}^{ikr}}{r}\left(1+\frac{i}{kr}-\frac{1}{k^2r^2}\right) \tag{2-21}$$

$$H_\phi=\frac{\omega kP}{4\pi}\frac{\mathrm{e}^{ikr}}{r}\left(1+\frac{i}{kr}\right) \tag{2-22}$$

在辐射区（$|kr|\gg1$），忽略 $1/kr$ 的高次项，得到水平电极子源在主剖面中的辐射场为：

$$E_y=\frac{\omega^2\mu\mathrm{P}}{4\pi}\frac{\mathrm{e}^{ikr}}{r}=\frac{\omega^2\mu\mathrm{P}}{4\pi}\frac{1}{r}\mathrm{e}^{-\beta r}\mathrm{e}^{-iar} \tag{2-23}$$

$$H_\phi=\frac{\omega k\mathrm{P}}{4\pi}\frac{\mathrm{e}^{ikr}}{r}=\frac{\omega k\mathrm{P}}{4\pi}\frac{1}{r}\mathrm{e}^{-\beta r}\mathrm{e}^{-iar} \tag{2-24}$$

可见在主剖面中，电场和发射天线平行，磁场则垂直向下，且电磁场在辐射区的比值为：

$$E_y/H_\phi=\sqrt{\frac{\mu}{\tilde{\varepsilon}}}=\eta \tag{2-25}$$

η称为媒质的波阻抗，在空气中η等于377 Ω，在导电媒质中η为复数，说明电场和磁场之间存在相位差，磁场滞后于电场。在主剖面中辐射场强与ψ无关，即辐射场在主剖面无方向性，辐射图呈圆形。

偶极子源辐射的电磁波是球面波，能流密度呈球面发散，发散因子为 $1/R$ 度。由于能流密度正比于电、磁场的乘积，场强的发散因子为 $1/R$。在有耗媒质中，场强因被吸收而按指数规律 $\mathrm{e}^{-\beta R}$ 衰减，电磁波向外传播的功率则按 $\mathrm{e}^{-2\beta R}$ 衰减。

2.2 地质雷达实测图像后处理技术

在本书中，数据处理采用RADAN6.6后处理软件（图2-4），本文所涉及的数据处理均使用该软件。具体功能有：信号振幅自动增益调整（图2-5）；背景去除（图2-6），显示构造特征；水平相关分析，消除雪花噪声干扰；一维频率滤波处理；交互式解释模块。

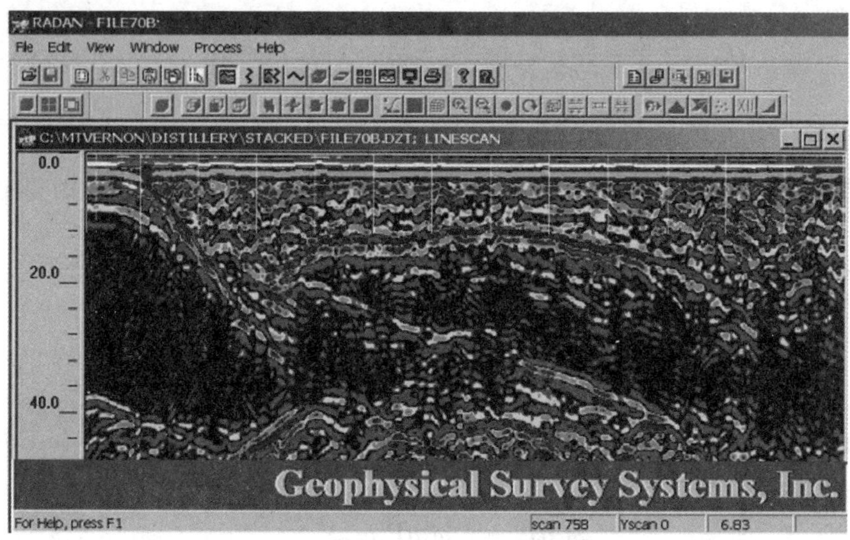

图2-4　RADAN软件界面

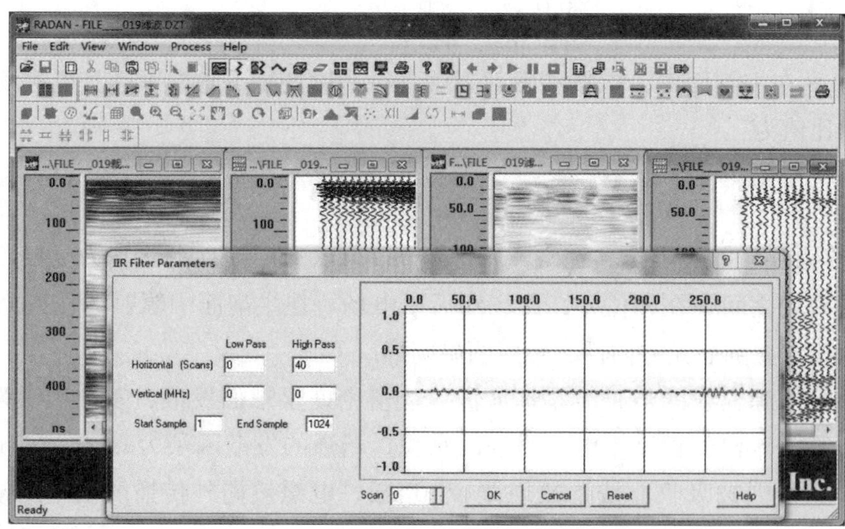

图2-5　高通滤波界面

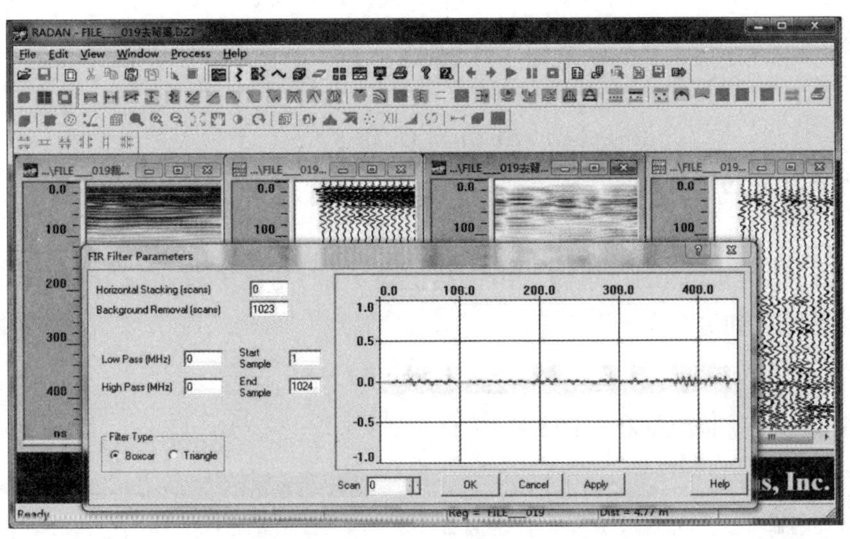

图2-6　去除背景滤波界面

在进行地质雷达超前预报时，需要最大限度地获取有效的反射特征波。但是在利用宽频带进行反射信号的收集时，很难保证信号的有效性和干扰性，因此就必须采取一定的手段去控制对干扰波和有效波的特征。

（1）数字滤波技术

数字滤波是通过数学的方式，对离散后的数字信号，进行过滤处理，因此数字滤波过程中的电磁波都可以视为离散的数据，为了能够有较高的探测频率，雷达通常要采用合适的采样定律：

$$\Delta t \leqslant \frac{1}{2f_{\max}} \tag{2-26}$$

因此雷达的记录就是用很多组的离散时间的函数 x（$i\Delta t$）（i=0，1，2，⋯，n）来表示的。

（2）反滤波（反褶积）技术

反褶积的处理方法在地球物理方法中有着很广泛的使用，它具有典型的处理方法：如预测反褶积、稀疏矩阵反褶积、最小平方反褶积及尖脉冲反褶积等。因此根据地质雷达的一些基本数据处理方法，反褶积是一种比较好的处理方法。

实际中的电磁波反射脉冲是时间延续的电磁波波形b（t）。假设雷达的记录是反射系数ξ（t）与雷达波的褶积。

$$x(t)=b(t)\times\xi(t) \tag{2-27}$$

令
$$\xi(t)=a(t)\times x(t) \tag{2-28}$$

将式（2-27）代入（2-28）得：

$$\xi(t)=a(t)\times b(t)\times\xi(t) \tag{2-29}$$

由式（2-29）可知：

$$a(t)\times b(t)=1 \tag{2-30}$$

$a(t)$称为$b(t)$的反子波。由雷达记录$x(t)$与反子波$a(t)$褶积计算，可得反射系数序列$\xi(t)$

$$\xi(t)=\sum a(\tau)x(t-\tau) \tag{2-31}$$

这个过程就是反褶积（图2-7）。

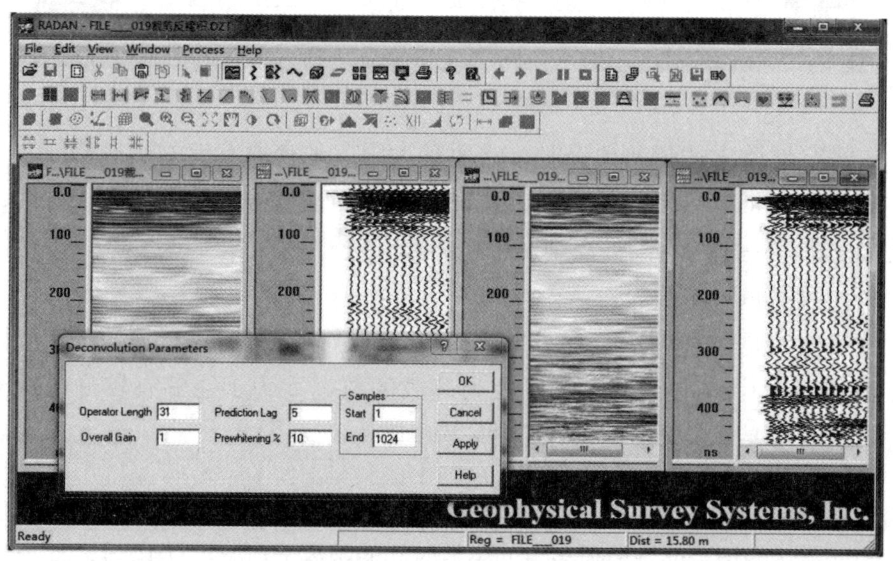

图2-7 反褶积界面

地质雷达信号在具有介电性能的物质中传播时，电磁波能量会有迅速地衰减，这种衰减体现在振幅幅值会变小，对雷达数据波形信号的识别是很不利的。通过增益的方法来复原波形的振幅，就可以实现对波形的追踪及信号的对比，从而达到使雷达信号均匀的目的。简单地说，把图像中较弱的信号信息通过增益振幅的方式令其有较为明显的显示，对图像进行调整，就可以达到自动增益的效果（图2-8）。

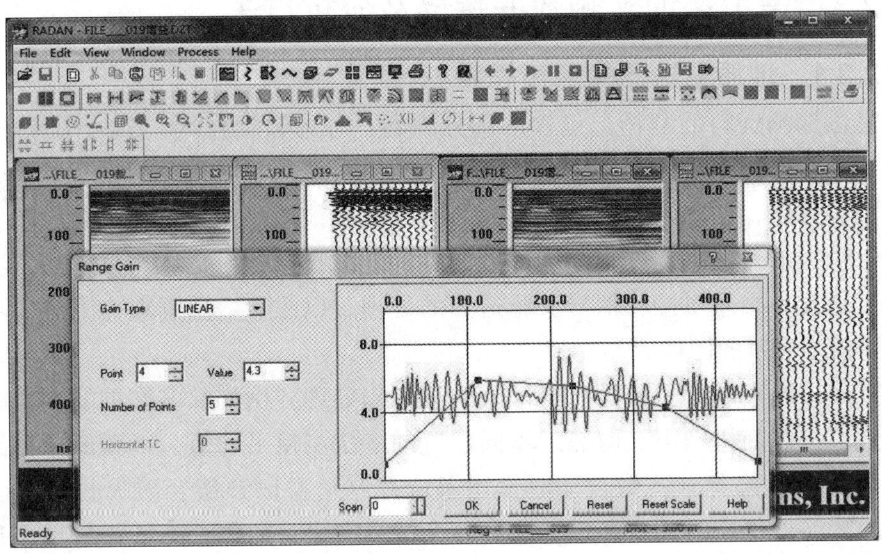

图2-8　自动增益界面

地质雷达测量时，地质中存在强烈而又复杂的干扰，导致图像中必然存在很强烈的干扰，这些干扰必须进行处理才能使雷达的图像便于识别，这种数字处理方法主要有：水平变换和水平叠加（图2-9）。

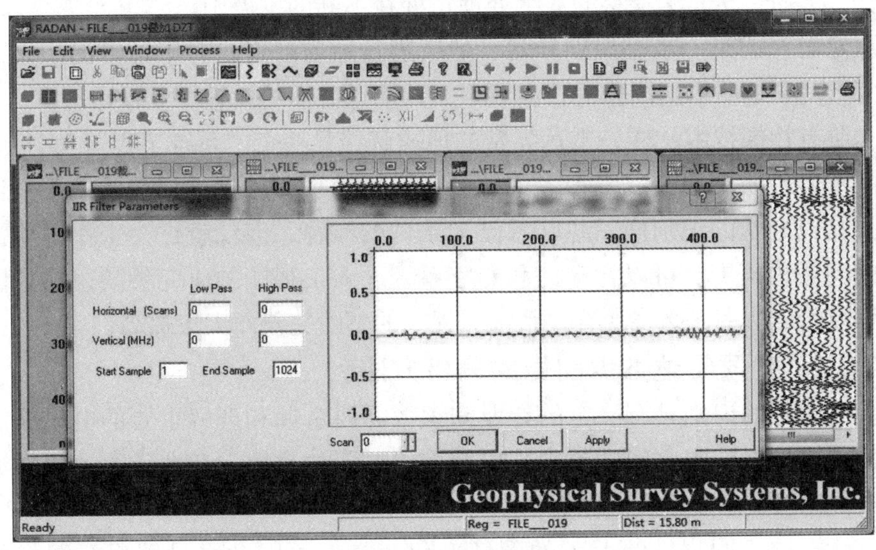

图2-9　水平叠加界面

2.3 黄土潜蚀实测数据解译及分析方法

2.3.1 地质雷达图像解析思路

雷达探测资料的解释，包含两部分内容：一为数据处理，二为图像解释。由于地下介质相当于一个复杂的滤波器，介质对波的不同程度的吸收以及介质的不均匀性质，使得脉冲到达接收天线时，波幅被减小，波形变得与原始发射波形有较大的差别。此外，不同程度的各种随机噪声和干扰波，也歪曲了实测数据，因此，必须对接收信号实施适当的处理，以改善数据资料，为进一步解释提供清晰可辨的图像。

目前，数字处理主要是对所记录的波形作处理。例如取多次重复测量的平均值，以抑制随机噪声；取邻近不同位置的多次测量平均值，以压低非目的体杂乱回波，改善背景；做自动时变增益或控制增益以补偿介质吸收和抑制杂波；做滤波处理或时频变换以除去高频杂波或突出目的体、降低背景噪声和余振影响，或进一步考虑测域的一维、二维空间滤波，设计与脉冲波形有关的反滤波或匹配滤波器，做与目的体有关的三维处理等。对于小的、局部的和细长物体，其回波散射有一些频谱特性或极化特性需专门考虑，而天线的极化性质也影响着接收效果。这些都是当前数字处理的研究对象。和地震勘探的数字处理一样，地质雷达实测资料的数字处理正处在不断的发展中。

图像解释的第一步是识别异常，然后进行地质解释。对于异常的识别在很大程度上基于地质雷达图像的正演成果，然而这方面的内容至今报道甚少。

和所有物探技术一样，雷达异常的地质解释是一个“系统工程”，它包含了高频技术、地质和地理、工程人文等多方面的知识和经验。目前的人工判读解释，只是对异常的识别做一些联系已知条件的注释，但仅就这一工作，应深入研究的问题仍不少。可以肯定，和专家系统、人工智能的研究类同，雷达图像异常解释的成功率，必将随着“系统工程”的不断完善而大大提高。

2.3.2 地质雷达数据图像的分析方法

雷达图像的识别具有一定的专业知识，需要掌握和理解重要的电磁波波组的传播理论，对波组之间的差异，以及多组波形的对比，和地质雷达反射波组的典型特征以及重要变化（图2-10）。

（1）对比不同岩性情况下的图像变化，掌握不同含水量情况下图像的变化，以及不同空隙比情况下图像的变化，整体分析各条测线的区别变化，就能初步掌握图像的识别。

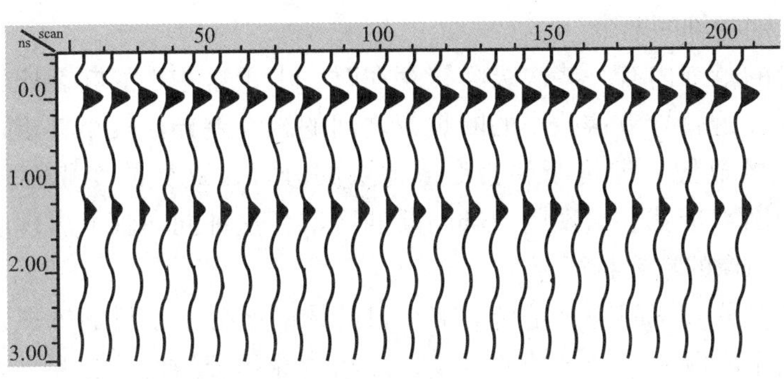

图2-10 雷达波反射层特征

（2）研究特征波的波长、振幅强度、波形相对稳定的波，可以视为特征波。它们是由于岩性变化而导致的重要有效波，研究它们的具体变化情况，就能开展研究剖面对应的主要构造和分层界面（图2-11）。

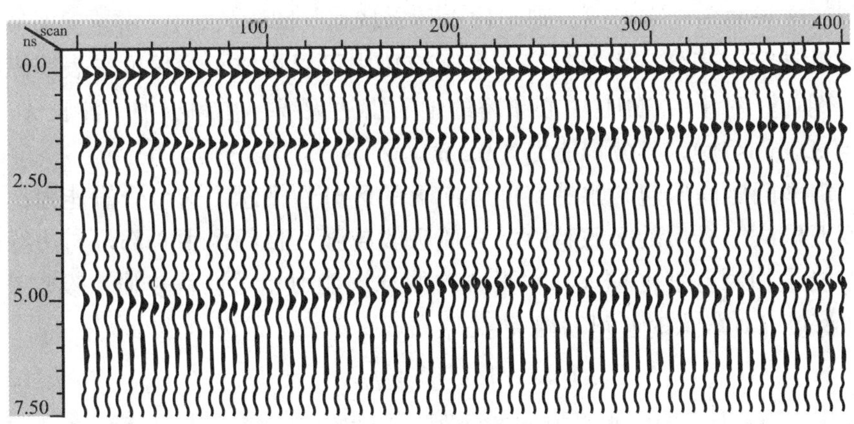

图2-11 时间剖面上反射层

（3）图像典型波分析

① 绕射波

在图像纵向界面上，存在与断层分离的一些绕射波，这是因为电磁波在断层界面上存在许多电性突变点，因此导致电磁波在这里的传播速度不均匀，也就会致使时间剖面的图像产生绕射现象，这样的波就叫作绕射波。

② 断面波

电磁波在传播至岩层断面时，也会发生一系列的透射和反射作用，而且电磁波传播至断层界面中时，断层内的填充物质和断层岩性肯定有差异，也就存在电性差异，因此在时间剖面上，就会有清晰的断面反射波。断面波主要特征是在断层面急剧变化的波组，周围发生平缓的反射波。

（4）同相轴间断带

测量的范围内有一些次级断裂存在时，由于这些小的断裂比较分散而且距离比较近，这就导致这些小的断裂带之间的岩性差异比较小，雷达图像也就不会有明显的显像。但是断裂会形成地层的分开，这样的变化会强烈吸收电磁波，因而断裂带就会出现同向轴间断的区域，这种同向轴上出现明显间断的区域是识别图像的重要特征。

探测的分辨率问题，是指对多个目的体的区分或小目的体识别能力。概括地说，这个问题决定于脉冲的宽度，即与脉冲频带的设计有关。频带越宽，时域脉冲越窄，它在射线方向上的时域空间分辨能力就越强，或可近似地认为深度方向的分辨率高，其关系式为：

$$1/\Delta t \approx B_{\text{eff}} \tag{2-32}$$

式中，B_{eff}为有效频带宽度；Δt为分辨界面的有效波形之间的时间间隔。

若从波长的角度来考虑，则工作主频率越高（即波长短），雷达反射波的脉冲波形就越窄，其分辨率应越高。实际应用中可以半波长为尺度来表明纵向分辨率。例如，对于100MHz中心频率的地质雷达天线，在黏土中，波长λ=0.6m（以v=0.06m/ns计），其分辨能力为0.3m。

分辨率问题尚应包含水平空间方向上的区分性概念。这个分辨能力，在很大程度上取决于介质的吸收特性。介质吸收越强，目的体中心部位与边缘部位的反射能量相对差别也越大，水平方向的分辨能力相对也就较强。吸收系数β和探测深度d均较大时，可写出关系式：

$$1/\Delta x \approx 1/\left(3.3\sqrt{d/\beta}\right) \tag{2-33}$$

式中，Δx为目的体水平方向的间距。当然，分辨率还与地下各个方向上脉冲波的能量分布情况，即天线的方向图有关。此外，波的散射截面也对分辨率有影响，面介质与目的体的物理性质、工作频率的大小以及目的体的埋深则与散射截面有关。因此，要了解雷达探测的实际分辨能力，需要根据不同的仪器通过具体试验来进行。需要特别指出的是天线的极化性质，对于线性极化的情形，有时在一些走向方位上接收信号的幅度为零，而圆极化辐射则可避免这一现象。因此，对于前一种极化性质的天线，现场工作中必须配合天线试验进行。

现场测量工作，通常采用剖面法（CDP）或宽角法（WARR）两种方式。前者，发射天线和接收天线以固定间距（$TR=z=D$）沿探测线同步移动，记录点位于TR的中点。天线距可由式$TR=2D/\sqrt{\varepsilon-1}$估算（对于方向仍呈弯月形峰尖临界角的天线），式中$D$为目的体的深度。测量中测点间距应小于波长的1/4。对于宽角法，采用一个天线固定，移动另一个天线的方式，或者两天线同时由一中心点向两侧反方向移动。此时记录的是电磁波脉冲通过地下各个不同介质层的双程传播时间，它反映地下成层介质的速度分布。其图形是以天线间距为横坐标，双程走时为纵坐标，图形以同相轴呈倾斜形态显示，速度大者较缓，速度小者较陡。除了共深度法（剖面法）和宽角法以外，还有一种“多天线法（MAM）”。这种测量方式是利用多个接收天线，同时实现多点测量。但这种方法必须考虑天线的屏蔽，以避免直达波或泄漏波在天线之间多次反射造成的干扰。测量方式中尚有“透射法”这一形式，但用得较少。

2.3.3 地质雷达电磁波介质传播的解析解

从麦克斯韦方程组出发，

$$
\begin{aligned}
&\nabla \times E(r,t) = -\mu\frac{\partial}{\partial t}H(r,t) - \rho H(r,t)\\
&\nabla \times E(r,t) = -\mu\frac{\partial}{\partial t}H(r,t) - \rho H(r,t)\\
&\nabla \times B(r,t) = 0\\
&\nabla \times D(r,t) = \rho H(r,t)
\end{aligned}
\tag{2-34}
$$

式中，E 为电场，V/m；H 为磁场，A/m；D 为电通密度，C/m^2；B 为磁通密度，Wb/m^2；$J(r,t)$ 为电流密度，A/m^2；而 $\rho(r,t)$ 为电荷密度，C/m^3。

对式（2-34）两边取散度并利用连续性方程，得

$$
\nabla J(r,t) + \frac{\partial \rho(r,t)}{\partial t} = 0 \tag{2-35}
$$

因此研究电磁问题可以从两个旋度问题作为出发点。

在直角坐标系中，将（2-34）的电磁场矢量分别写为 x、y、z 分量式，有：

$$
\begin{aligned}
\frac{\partial H_x}{\partial t} &= \frac{1}{\varepsilon}\left(\frac{\partial E_y}{\partial z} - \frac{\partial E_z}{\partial y} - \rho H_x\right)\\
\frac{\partial H_y}{\partial t} &= \frac{1}{\varepsilon}\left(\frac{\partial E_z}{\partial x} - \frac{\partial E_x}{\partial z} - \rho H_y\right)\\
\frac{\partial H_z}{\partial t} &= \frac{1}{\varepsilon}\left(\frac{\partial E_x}{\partial y} - \frac{\partial E_y}{\partial x} - \rho H_z\right)
\end{aligned}
\tag{2-36}
$$

$$
\begin{aligned}
\frac{\partial E_x}{\partial t} &= \frac{1}{\varepsilon}\left(\frac{\partial H_x}{\partial y} - \frac{\partial H_y}{\partial z} - \sigma E_x\right)\\
\frac{\partial E_y}{\partial t} &= \frac{1}{\varepsilon}\left(\frac{\partial H_x}{\partial z} - \frac{\partial H_z}{\partial x} - \sigma E_y\right)\\
\frac{\partial E_z}{\partial t} &= \frac{1}{\varepsilon}\left(\frac{\partial H_y}{\partial x} - \frac{\partial H_x}{\partial y} - \sigma E_r\right)
\end{aligned}
\tag{2-37}
$$

以上六个偏微分方程是FDTD算法的基础。为了从上面的分量表达式进行出发，应当将考察的空间进行离散，也就是建立在空间网格，Yee采用矩形网格来进行空间离散。

将每个节点进行编号，节点的编号和其空间坐标位置按照下面的方式对应起来

$$(i,j,k) \Leftrightarrow (i\Delta x, j\Delta y, k\Delta z) \tag{2-38}$$

而该点的任意函数 $F(x, y, z, t)$ 在时刻 $n\Delta t$ 的值可以表示为：

$$F^n(i,j,,k) = F(i\Delta x, j\Delta y, k\Delta z, n\Delta t) \tag{2-39}$$

式中，Δx、Δy、Δz 分别为沿 x、y、z 方向上离散的空间步长；Δt 是时间步长。

Yee采用中心差分来代替对时间和空间的微分，具有二阶精度；

$$\begin{aligned} \frac{\partial F^n(i,j,k)}{\partial x} &= \frac{F^n\left(i+\frac{1}{2},j,k\right)-F^n\left(i-\frac{1}{2},j,k\right)}{\Delta x}+O\left[(\Delta x)^2\right] \\ \frac{\partial F^n(i,j,k)}{\partial t} &= \frac{F^{n+\frac{1}{2}}(i,j,k)-F^{n-\frac{1}{2}}(i,j,k)}{\Delta t}+O\left[(\Delta x)^2\right] \end{aligned} \tag{2-40}$$

为了获得空间微分的二阶精度，Yee按照网格空间离散方式放置每一个网格上的场分量，每个磁场分量由四个电场分量所环绕；反过来，每一个电场分量也由四个磁场分量所环绕。同时，为了获得时间微分的二阶精度，Yee将E和H在时间上相差半个步长交替计算。将公式（2-40）进行差分，结果如下：

$$\begin{aligned} H_x^{n+\frac{1}{2}}\left(i,j+\frac{1}{2},k+\frac{1}{2}\right) &= \frac{1-\dfrac{\rho\left(i,j+\frac{1}{2},k+\frac{1}{2}\right)\Delta t}{2\mu\left(i,j+\frac{1}{2},k+\frac{1}{2}\right)}}{1+\dfrac{\rho\left(i,j+\frac{1}{2},k+\frac{1}{2}\right)\Delta t}{2\mu\left(i,j+\frac{1}{2},k+\frac{1}{2}\right)}}\cdot H_x^{n-\frac{1}{2}}\left(i,j+\frac{1}{2},k+\frac{1}{2}\right) \\ &+\frac{\Delta t}{\mu\left(i,j+\frac{1}{2},k+\frac{1}{2}\right)}\cdot\frac{1}{1+\left\{\rho\left(i,j+\frac{1}{2},k+\frac{1}{2}\right)\Delta t/\left[2\mu\left(i,j+\frac{1}{2},k+\frac{1}{2}\right)\right]\right\}}\cdot \\ &\left[\frac{E_y^n\left(i,j+\frac{1}{2},k+1\right)-E_y^n\left(i,j+\frac{1}{2},k\right)}{\Delta z}+\frac{E_z^n\left(i,j,k+\frac{1}{2}\right)-E_z^n\left(i,j+1,k\frac{1}{2}\right)}{\Delta y}\right] \end{aligned} \tag{2-41}$$

$$E_x^{n+1}\left(i+\frac{1}{2},j,k\right)=\frac{1-\dfrac{\sigma\left(i+\frac{1}{2},j,k\right)\Delta t}{2\varepsilon\left(i+\frac{1}{2},j,k\right)}}{1+\dfrac{\sigma\left(i+\frac{1}{2},j,k\right)\Delta t}{2\varepsilon\left(i+\frac{1}{2},j,k\right)}}\cdot E_x^{n}\left(i+\frac{1}{2},j,k\right)$$

$$+\frac{\Delta t}{\varepsilon\left(i+\frac{1}{2},j,k\right)}\cdot\frac{1}{1+\left\{\sigma\left(i+\frac{1}{2},j,k\right)\Delta t/\left[2\varepsilon\left(i+\frac{1}{2},j,k\right)\right]\right\}}\cdot$$

$$\left[\frac{H_z^{n+\frac{1}{2}}\left(i+\frac{1}{2},j+\frac{1}{2},k\right)-H_z^{n+\frac{1}{2}}\left(i+\frac{1}{2},j-\frac{1}{2},k\right)}{\Delta y}+\frac{H_z^{n+\frac{1}{2}}\left(i+\frac{1}{2},j,k-\frac{1}{2}\right)-H_z^{n+\frac{1}{2}}\left(i+\frac{1}{2},j,k+\frac{1}{2}\right)}{\Delta z}\right]$$

（2–42）

以上即为地质雷达电磁波在地层中传播过程的FDTD解析解。

2.3.4 混凝土裂缝扩张及溶蚀成像特征的FDTD解析解

GPR是一种电磁波类探测方法。与探空或通信雷达技术相类似，地质雷达也是利用高频电磁脉冲波的反射来探测目的体及地质现象的。地质雷达系统将高频电磁波以宽频带短脉冲形式由发射天线向被探测物发射，该雷达脉冲在传播过程中，遇到不同电性介质交界面时，部分雷达波的能量被反射回来，由接收天线接收。地质雷达测的是来自探测物不同介质交界面的反射波，地质雷达通过记录反射波到达时间 t 、反射波的幅度等来研究被探测介质的分布和特性。本节对混凝土构件的要求与2.1节中的假设相同。

电磁波在混凝土介质中的波场作用过程与响应特征可以由时域Maxwell方程近似给出

$$\nabla\times E+\mu\frac{\partial H}{\partial t}=0 \tag{2-43}$$

$$\nabla\times H-\sigma E-\varepsilon\frac{\partial E}{\partial t}=s_r(t) \tag{2-44}$$

其中，E 和 H 分别是电场与磁场；ε 是介电常数；σ 是电导率；μ 是磁导率；s_r 是激励源。Maxwell方程的正演过程可以采用FDTD方法求解，利用吸收边界条件最大限度地克服在边界处反射带来的影响。展开方程（2–43）和方程（2–44）后可得电磁场6个分量的方程组

$$\frac{\partial E_x}{\partial t}=\frac{1}{\varepsilon}\left[\frac{\partial H_x}{\partial y}-\frac{\partial H_y}{\partial z}-\sigma E_x-s_{r_x}(t)\right] \tag{2-45}$$

$$\frac{\partial E_y}{\partial t}=\frac{1}{\varepsilon}\left[\frac{\partial H_x}{\partial y}-\frac{\partial H_z}{\partial z}-\sigma E_y-s_{r_y}(t)\right] \tag{2-46}$$

$$\frac{\partial E_z}{\partial t}=\frac{1}{\varepsilon}\left[\frac{\partial H_y}{\partial y}-\frac{\partial H_x}{\partial z}-\sigma E_z-s_{r_z}(t)\right] \tag{2-47}$$

$$\frac{\partial H_x}{\partial t}=\frac{1}{\mu}\left(\frac{\partial E_y}{\partial z}-\frac{\partial E_z}{\partial y}\right) \tag{2-48}$$

$$\frac{\partial H_y}{\partial t}=\frac{1}{\mu}\left(\frac{\partial E_z}{\partial x}-\frac{\partial E_x}{\partial z}\right) \tag{2-49}$$

$$\frac{\partial H_z}{\partial t}=\frac{1}{\mu}\left(\frac{\partial E_x}{\partial x}-\frac{\partial E_y}{\partial z}\right) \tag{2-50}$$

在2D问题中即电场和磁场均与 z 无关时，方程组就形成相互独立的两组方程，其中的一组电场只有 E_z 分量，这类电磁波称作横磁波，用TM表示，本书的地质雷达2D正演模拟采用TM型电磁波求解，TM波的方程组为

$$\frac{\partial E_z}{\partial t}=\frac{1}{\varepsilon}\left[\frac{\partial H_y}{\partial y}-\frac{\partial H_x}{\partial z}-\sigma E_z-s_{r_z}(t)\right] \tag{2-51}$$

$$\frac{\partial H_x}{\partial t}=\frac{1}{\mu}\left(\frac{\partial E_y}{\partial z}-\frac{\partial E_z}{\partial y}\right) \tag{2-52}$$

$$\frac{\partial H_y}{\partial t}=\frac{1}{\mu}\left(\frac{\partial E_z}{\partial x}-\frac{\partial E_x}{\partial z}\right) \tag{2-53}$$

由上面的方程组可以看出，TM波只有 E_z 、H_x 和 H_y 三个分量。将 H_x 、H_y 消元，得到

$$\nabla^2 E_z+\mu_0\sigma\frac{\partial E_z}{\partial t}+\mu_0\varepsilon\frac{\partial^2 E_z}{\partial t^2}=s(t) \tag{2-54}$$

当地质雷达高频雷达波在地下介质中传播时，介质的位移电流远大于传导电流（磁导率认为不变），所以，对高频电磁波在地下二维介质传播的麦克斯韦方程就可写成：

$$\frac{\partial^2 E_z}{\partial x^2}+\frac{\partial^2 E_z}{\partial z^2}=\mu_0\varepsilon\frac{\partial^2 E_z}{\partial t^2}=\frac{1}{V^2}\frac{\partial^2 E_z}{\partial t^2} \tag{2-55}$$

式中，$V=\dfrac{1}{\sqrt{\mu_0\varepsilon}}$ 为波速。式（2–54）与波动方程对比可知，式（2–55）完全与波动方程一致。

本书对二维TM方程及波动方程的正问题求解采用中心差分离散。差分法的基本思想是“以差商代替微商”。$u(x_i,z_j,t_n)$ 简记为 $u_{i,j}^n$ 。将波动方程中的偏导

数 $\frac{\partial^2 u}{\partial t^2},\frac{\partial^2 u}{\partial x^2},\frac{\partial^2 u}{\partial z^2}$ 都用中心差商来逼近，这样得到差分格式：

$$\frac{u_{i,j}^{n+1}-2u_{i,j}^{n}+u_{i,j}^{n-1}}{\tau^2}-c_{i,j}^2\frac{u_{i,j+1}^{n}-2u_{i,j}^{n}+u_{i,j-1}^{n}}{h^2}-c_{i,j}^2\frac{u_{i+1,j}^{n}-2u_{i,j}^{n}+u_{i-1,j}^{n}}{h^2}=0 \tag{2-56}$$

令 $\lambda=\frac{\tau}{h}$ 得

$$u_j^{n+1}-\lambda^2c_j^2u_{j+1}^n+(2\lambda^2c_j^2-2)u_j^n-\lambda^2c_j^2u_{j-1}^n+u_j^{n-1}=0 \tag{2-57}$$

$j=1,\cdots,J-1 \qquad n=2,\cdots,N$

式（2–56）离散为

$$c(0)\frac{u_1^n-u_0^n}{h}=f(t_n),u_J^n=0,n=2,\cdots,N \tag{2-58}$$

式（2–57）离散为

$$u_j^0=0,\frac{u_j^1-u_j^0}{\lambda}=0,j=0,\cdots,J \tag{2-59}$$

可以看出，式（2–59）逼近式（2–58）的截断误差为 $O(\tau^2+h^2)$。考虑到上述截断误差的不匹配，为提高式（2–54）及式（2–55）的离散精度，可以用两个虚拟的函数值 $u(x_{-1},t_n),u(x_j,t_{-1})$ 来处理，注意到

$$\frac{\partial u}{\partial x}(0,t_n)=\frac{u(x_1,t_n)-u(x_{-1},t_n)}{2h}+O(h^2)$$

$$\frac{\partial u}{\partial x}(x_j,0)=\frac{u(x_j,t_1)-u(x_j,t_{-1})}{2\tau}+O(\tau^2)$$

这样就得到了式（2–59）的另一个逼近

$$u_1^n-u_{-1}^n=\frac{2hf(t_n)}{c(0)} \tag{2-60}$$

及另一个逼近

$$u_j^1-u_j^{-1}=0 \tag{2-61}$$

以上两式中出现的 u_j^{-1},u_{-1}^n 必须设法消去。首先来消去式（2–60）中的 u_{-1}^n，为此可以在式（2–59）中令 $j=0$，此时有

$$u_0^{n+1}-2u_0^n+u_0^{n-1}-\lambda^2c_0^2(u_1^n-2u_0^n+u_{-1}^n)=0$$

其中 $\lambda=\frac{\tau}{h}$ 为网格比，此式与式（2–60）联立，消去 u_{-1}^n 得到

$$u_0^{n+1}=(2-2\lambda^2c_0^2)u_0^n-u_0^{n-1}+2\lambda^2c_0^2u_1^n-2hc_0\lambda^2f(t_n) \tag{2-62}$$

再次来消去式（2–60）中的 u_j^{-1}，为此令 $n=0$，此时有

$$u_j^1-2u_j^0+u_j^{-1}-\lambda^2c_j^2(u_{j+1}^0-2u_j^0+u_{j-1}^0)=0,$$

此式与式（2–62）联立，消去 u_j^{-1} 得到 $u_j^1=u_j^0=0$。

考虑到计算量的问题，正问题计算思路如下。

当 $n=N$ 时，我们可以设 $u_j^{N+1}=0$ ，这样得到如下结果：

设 $U_i=\begin{pmatrix} u_i^2 \\ u_i^3 \\ \vdots \\ u_i^N \end{pmatrix}$ ， $T'=\frac{c_0^2\lambda^2}{c_1}\begin{pmatrix} f(t_2) \\ f(t_3) \\ \vdots \\ f(t_N) \end{pmatrix}$ ，则 $X=\begin{pmatrix} U_1 \\ U_2 \\ \vdots \\ U_{J-1} \end{pmatrix}$ ， $T=\begin{pmatrix} T' \\ 0 \\ \vdots \\ 0 \end{pmatrix}$ 及

$$A=\begin{pmatrix} A_1 & B_1 & & & \\ B_2 & A_2 & B_2 & & \\ & B_3 & A_3 & B_3 & \\ & & \ddots & \ddots & \ddots \\ & & & \ddots & \ddots & B_{J-2} \\ & & & & B_{J-1} & A_{J-1} \end{pmatrix}_{(J-1)\times(J-1)}$$

$$A_i=\begin{pmatrix} c_i^2\lambda^2-1 & 1 & & & & \\ 1 & c_i^2\lambda^2-1 & 1 & & & \\ & 1 & c_i^2\lambda^2-1 & \ddots & & \\ & & \ddots & \ddots & \ddots & \\ & & & \ddots & \ddots & 1 \\ & & & & 1 & c_i^2\lambda^2-1 \end{pmatrix}_{(N-1)\times(N-1)}$$

$$B_i=\begin{pmatrix} -c_i^2\lambda^2 & & & \\ & -c_i^2\lambda^2 & & \\ & & \ddots & \\ & & & -c_i^2\lambda^2 \end{pmatrix}_{(N-1)\times(N-1)}$$

若令 $D=\begin{pmatrix} 0 & 1 & & & \\ 1 & 0 & 1 & & \\ & 1 & 0 & \ddots & \\ & & \ddots & \ddots & 1 \\ & & & 1 & 0 \end{pmatrix}_{(N-1)\times(N-1)}$ ，

则 $A_i=(c_i^2\lambda^2-1)E+D$ ， $B_i=-c_i^2\lambda^2E$ ，

其中， E 为 $N-1$ 阶单位矩阵。

可得方程为

$$AX=T \tag{2-63}$$

以上即为混凝土裂缝扩张及溶蚀成像特征的FDTD解析解。

2.4 地质雷达实测数据后处理技术及流程优化研究

现场采集的地质雷达数据信号有很多干扰：环境干扰、雷达本身的噪声、

有用信号淹没等，有必要采取有效的处理措施，消除干扰，突出有用信号。利用RADAN软件自带一维数字滤波、频谱补偿、二维滤波、希尔伯特变换、反卷积运算、小波变换、水平预测滤波、子波相干加强、背景去除、道间平衡加强、自动增益等数据后处理模块。本书针对现场实际地质及干扰因素，深入研究相关干扰源及干扰信号，研究各处理技术的根本机理和降噪措施，以地层波速作为评价要素，提出客观准确的地质雷达实测数据后处理优化措施及优化方案。

2.4.1 信号振幅自动增益处理效果对比

信号增益的方法主要有线性自动增益和指数增益等。采用线性自动增益时，即不同时刻雷达强弱信号自动调节增益值，达到自动增益的目的，算式如下：

$$y(t)=y(t)'w(t) \tag{2-64}$$

式中，$w(t)$为该时刻的增益值。

$w(t)$是对较弱的信号集乘以一个大的权值，对较强信号乘一个小的权值，达到使能量均匀的目的。$w(t)$是对信号加时窗，将信号划为N个时窗，为了使增益权值不发生跳跃，每个时窗均存在半时窗的重叠；求取各时窗上的平均振幅$A(i)$，并由各个时窗的平均振幅$A(i)$，计算由各时窗中心点对应的增益权值w_i。算式如下：

$$A(i)=\frac{\sum_{t=t_1}^{t_2}|x(t)|}{N} \tag{2-65}$$

式中，t_1、t_2分别为时窗的开始和终止时间；N为该时窗内采样的点数。

$$w_i=1/A_i \tag{2-66}$$

计算到第i个时窗的中心点对应的增益权值w_i，得到的各延时点所对应的增益权值，从而就可以对各点计算增益。

地质雷达信号在具有介电性能的物质中传播时，电磁波能量会有迅速地衰减，这种衰减体现在振幅幅值会变小，对雷达数据波形信号的识别是很不利的。通过增益的方法来复原波形的振幅，就可以对波形追踪及信号对比，从而达到使雷达信号均匀的目的。简单地说，把图像中较弱的信号信息通过增益振幅的方式令其有较为明显的显示，对图像进行调整，就可以达到自动增益的效果。数据处理对比效果图如图2-12所示。

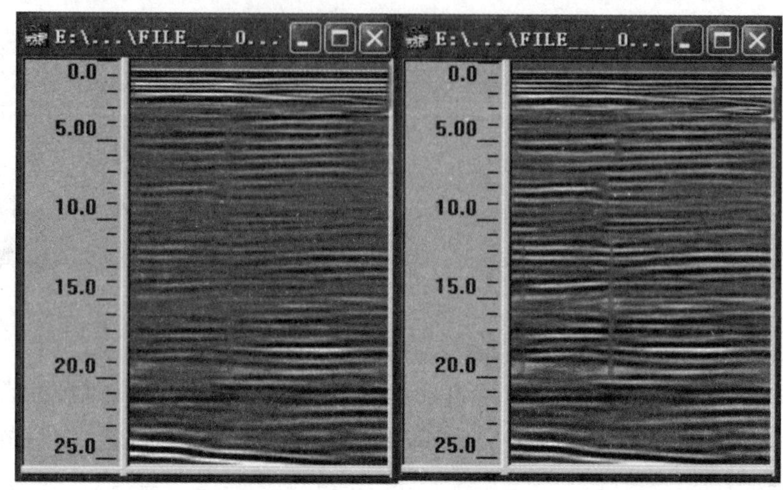

图2-12　自动增益效果图对比

图2-12左为原始数据图像特征部位较少且不明显，进行增益处理后，如右图所示图像标注区域：第5m、7m、15m、17m处特征明显增亮凸显，对原数据和增益处理后的数据进行交互式解释对比，数据处理前后的固定点速度变化如表2-2所示。

表2-2　交互式解释数据处理结果

	深度/m	v_1/(m/ns)	v_2/(m/ns)	ε_1	ε_2
Layer1	1.2	0.114	0.114	6.92	6.92
Layer2	5	0.111	0.111	7.30	7.30
Layer3	10	0.102	0.102	8.65	8.65
Layer4	14.7	0.119	0.119	6.35	6.35
Layer5	17	0.087	0.111	11.89	7.30
Layer6	19.5	0.178	0.098	2.84	9.37
Layer7	25	0.121	0.138	6.14	4.72

表2-2中 v_1 为原始数据电磁波传播速度；ε_1 为原始数据地层介电常数；v_2 为增益处理后电磁波传播速度；ε_2 为增益处理后地层介电常数。

如图2-13所示，在自动增益的模式下，1、2、3、4界面未受到增益处理后数据变化，5、6、7界面因局部增益导致电磁波传播速度改变，介电常数和电磁波速度有直接关系，因此介电常数的变化值也发生相同的变化。说明增益处理对数据有影响，影响范围多为深处，将会影响到地层结构的地质判断。

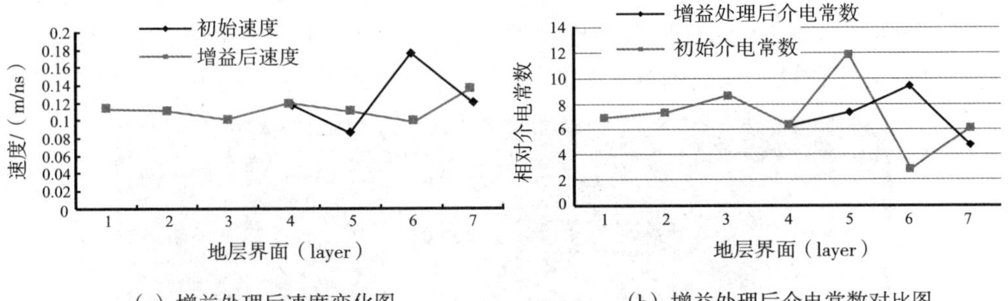

（a）增益处理后速度变化图　　（b）增益处理后介电常数对比图

图2-13　增益处理后速度及介电常数变化图

根据图像对比图，增益处理对原始数据影响较小，图像上原先信号较为弱的区域都有明显的增强可辨析；根据雷达数据推算的介电常数对比发现，虽然增益处理在对信号改变的反射强烈区对介电常数有明显的改变，但增益处理在图像对比时可以作为重要的处理步骤。

2.4.2　FIR系统背景去除处理效果对比

背景滤波是将雷达记录减去各道的背景值，就会得到滤波结果（D. J. Daniels，1996）。求取背景值的对象，应选取道间水平干扰较明显的区域。计算所选取区域的平均值，这个平均值体现出有规律可循的水平干扰，用各道的数据减去这个背景的平均值，有规律的水平干扰就会减弱或者消除，而无规律的较为有用的反射信号则得到了相对增强。

选 N_1 道至 N_2 道计算背景值：

$$x(t)'=\frac{1}{N_2-N_1+1}\sum_{N_1}^{N_2}x_i(t) \tag{2-67}$$

背景滤波的计算：

$$y(t)=x(t)-x(t)' \tag{2-68}$$

采用改进算法：对背景值乘以权值，进行背景滤波时应针对不同时刻水平干扰的强弱。算式如下，

$$y(t)=x(t)-x(t)'w(t) \tag{2-69}$$

式中，$w(t)$ 为该时刻的背景值的增益权值。

地质雷达在采集数据时，波阻抗不匹配会出现驻波现象，导致信号数据中

的较强电磁波干扰信息淹没了反射波信息。这些驻波的干扰信号在雷达图像剖面上具有等时性、稳定性等特点，水平信号较强。当被探测目标体表面的反射信号较弱时，这些干扰对数据处理及解释工作就带来了比较显著的影响，需要对其进行去除背景的滤波消除。数据处理对比效果图如2–14所示。

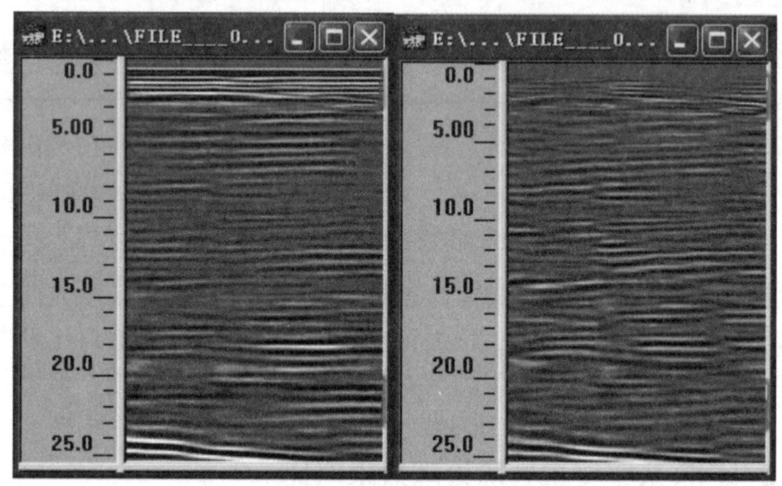

图2–14　去除背景效果图对比

图2–14左图为原始数据图像0～5m处受地面背景干扰，雷达剖面中水平道间干扰较强，浅层的反射信号异常，无法识别较为严重，导致深层图像受到影响。进行去除背景处理后，滤波后道间水平干扰信号得到消除，突出了较弱的反射信号，如图2–14所示，图像0～5m处地面干扰去除，15m处信号由于受到的干扰减小，特征明显化，对原数据和去除背景处理后的数据进行交互式解释对比，数据处理前后的固定点速度变化如表2–3所示。

表2–3　交互式解释数据处理结果

	深度/m	v_1/(m/ns)	v_3/(m/ns)	ε_1	ε_3
Layer1	1.2	0.114	0.079	6.92	14.42
Layer2	5	0.111	0.12	7.30	6.25
Layer3	10	0.102	0.114	8.65	6.92
Layer4	14.7	0.119	0.142	6.35	4.46
Layer5	17	0.087	0.079	11.89	14.42
Layer6	19.5	0.178	0.098	2.84	9.37
Layer7	25	0.121	0.114	6.14	6.92

表2-3中，v_1为原始数据电磁波传播速度；ε_1为原始数据地层介电常数；v_3为去除背景处理后电磁波传播速度；ε_3为去除背景处理后地层介电常数。

如图2-15所示，去除背景后，各个界面上电磁波传播速度均有变化，第一界面因为存在大量反射波干扰，因此速度改变幅度较大，第六界面存在介质变化区域，电磁波速度产生突变，介电常数和电磁波速度有直接关系，因此介电常数的变化值也发生相同的变化。说明去除背景处理对数据整体均有影响，将会影响到地层结构的地质判断。影响原因为水平干扰去除，多余电磁波影响干扰减弱或消除。

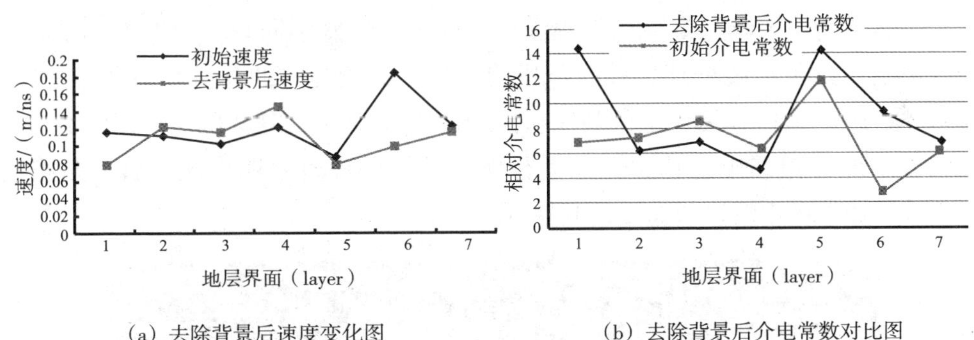

（a）去除背景后速度变化图　　（b）去除背景后介电常数对比图

图2-15　去除背景后速度及介电常数变化图

根据图像对比图，去除背景处理对原始数据影响较大，图像上的一些典型的背景干扰都能够很好地去除，尤其是地层表面的强烈干扰主要依靠背景去处进行处理；根据雷达数据的推算介电常数对比发现，去除背景处理在底层的反射强烈区对电磁波有明显的改变，但其他的地层内电磁波速度影响不大，因此去除背景处理可以作为该区域地质雷达测量的重要处理步骤。

2.4.3 FIR系统水平叠加处理效果对比

地质雷达数据普遍存在很多不同频率的干扰信号，经过一维数字滤波，就可消除相当部分的干扰波。地质雷达在数据采样时，存在低频漂移的问题，就可以用一维滤波来压制。一维数字滤波消除干扰，也就能提高信噪比。叠加处理就是针对压制信号存在不同频率干扰的水平相关分析。目的是为了消除雪花噪音的干扰。

一维数字滤波器分为FIR滤波器和IIR滤波器。按照使用的目的又分为低通、高通、带通和阻带滤波器。一维数字滤波函数可用Z变换的形式表示：

$$H(z)=\frac{\sum_{i=0}^{M}a_i z^{-i}}{1+\sum_{i=1}^{N}b_i z^{-i}}=\frac{B(z)}{A(z)} \tag{2-70}$$

若分母系数 b_i 都为零，该系统就是有限冲激响应系统（Finite Impulse Response，FIR系统），若分母系数 b_i 中有一个或者一个以上的非零值，该系统就称为无限冲激系统（Infinite Impulse Response，IIR系统）。

FIR数字滤波器与IIR数字滤波器相比较，它的特点是避免被处理的信号产生相位失真，获得严格的线性相位，这一特点在阵列信号处理、宽频带信号处理、数据传输等系统中非常重要。

地质雷达的采集系统发生低频漂移，就需要压制不同频率的干扰，保证信号的清晰，这就需要处理这种受干扰的信号，这种相应的分析称为叠加处理，其主要目的就是消除信号中低频漂移出现的雪花干扰。但是在一些数据中，可能收到的低频漂移干扰较少，在进行水平叠加处理时，图像效果就不是很明显，数据处理对比效果图如图2-16所示。

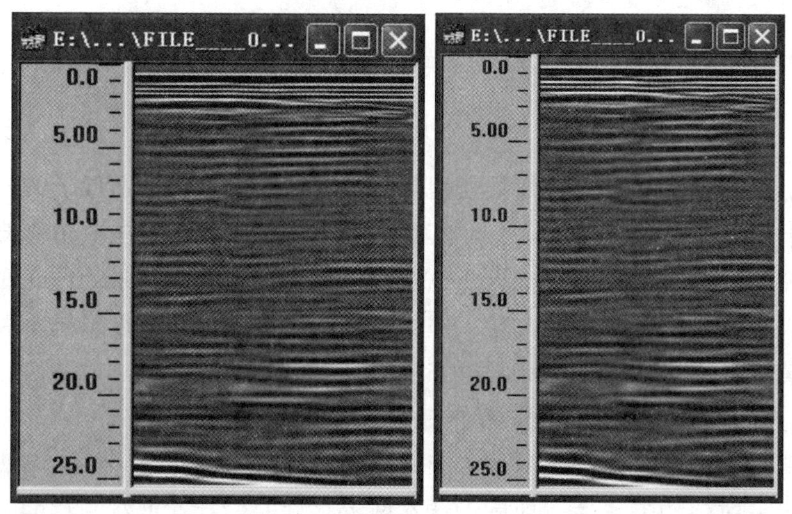

图2-16　叠加处理效果图对比

图2-16左图为原始数据图像，进行叠加处理后，如右图所示图像可看到图像无明显变化，原因可能为原数据受纵向干扰较小。对原数据和叠加处理后的数据进行交互式解释对比，数据处理前后的固定点速度及地层介电常数变化如表2-4所示。

表2-4 交互式解释处理结果表

	深度/m	v_1/(m/ns)	v_4/(m/ns)	ε_1	ε_4
Layer1	1.2	0.114	0.088	6.92	11.62
Layer2	5	0.111	0.121	7.30	6.14
Layer3	10	0.102	0.103	8.65	8.48
Layer4	14.7	0.119	0.12	6.35	6.25
Layer5	17	0.087	0.11	11.89	7.43
Layer6	19.5	0.178	0.098	2.84	9.37
Layer7	25	0.121	0.138	6.14	4.72

表2-4中，v_1为原始数据电磁波传播速度；ε_1为原始数据地层介电常数；v_4为叠加处理后电磁波传播速度；ε_4为叠加处理后地层介电常数。

如图2-17所示，在叠加处理的模式下，虽然扫描图中图像变化不明显，但是各个界面上电磁波传播速度均有变化，大多数界面电磁波速度变化不明显，第六界面存在介质变化区域，电磁波速度产生突变，介电常数和电磁波速度有直接关系，因此介电常数的变化值也发生相同的变化，将会影响到地层结构的地质判断。

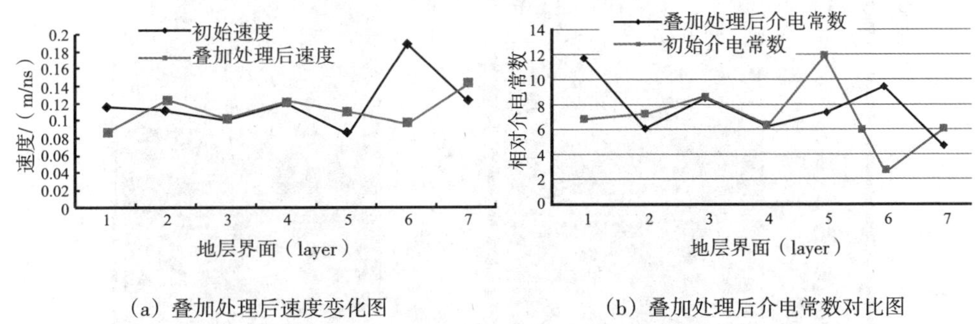

（a）叠加处理后速度变化图　　（b）叠加处理后介电常数对比图

图2-17 叠加处理后速度及介电常数变化图

根据图像对比图，叠加处理对原始数据影响较小，图像上基本没有信号增强或者减弱的地方；根据雷达数据推算的介电常数对比发现，叠加处理在底层反射强烈区对电磁波速度有明显的改变，因此叠加处理可以作为有效的处理步骤。

2.4.4 IIR系统垂直高通滤波处理效果对比

IIR数字滤波器是相关的数字处理中比较重要的滤波器，它处在较低的阶数就可实现较好的选频特性，因此，在图像处理、语音、通信、生物医学、高清晰度数字电视及地震助探等方面得到了广泛的应用。

IIR滤波器具有鲜明的特点，它的滤波器阶次较低，因此可有效地减少和延迟单元乘法器的数量，但系统却存在一定的稳定性问题。因此IIR滤波器采用递归算法。设一个数字滤波器的L阶差分方程为：

$$y(n)=\sum_{k=0}^{M}b_k x(n-k)-\sum_{k=1}^{L}a_k y(n-k) \tag{2-71}$$

如果 $\{a_k\}$ 中至少有一个不为零，那么这个差分方程描述的是一个IIR数字滤波器的输入-输出关系。设 $x(n)$ 是IIR滤波器的输入（或激励）序列，$y(n)$ 是输出（相应）序列。

高通滤波的处理将模拟滤波器通过数学变化的形式，转变为数字滤波器，这样就可以把雷达数据信号中低频或高频干扰进行去除，只保留一些有效的图像信号。数据处理对比效果图如图2-18所示。

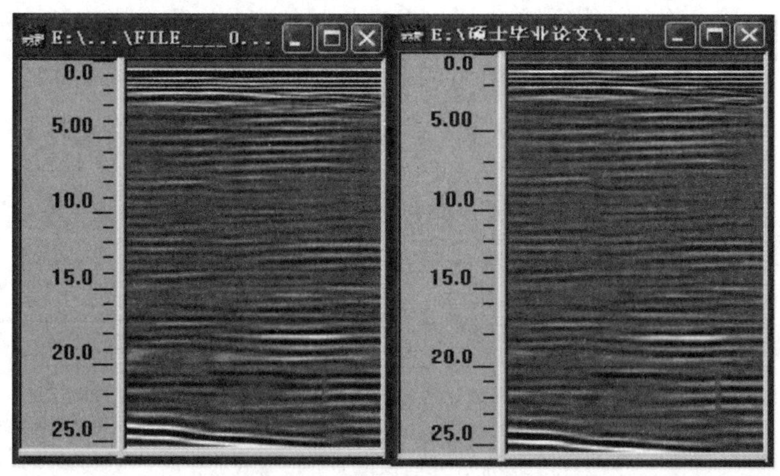

图2-18　滤波处理效果图对比

图2-18为原始数据图像，右图为滤波处理后图像，图像无明显变化，在22m处有微弱影响，原因可能为原数据受高通滤波干扰较小。对原数据和滤波处理后的数据进行交互式解释对比，数据处理前后的固定点速度变化如表2-5所示。

表2-5　交互式解释处理结果表

	深度/m	v_1/(m/ns)	v_5/(m/ns)	ε_1	ε_5
Layer1	1.2	0.114	0.088	6.92	11.62
Layer2	5	0.111	0.123	7.30	5.94
Layer3	10	0.102	0.132	8.65	5.16
Layer4	14.7	0.119	0.094	6.35	10.18
Layer5	17	0.087	0.109	11.89	7.57
Layer6	19.5	0.178	0.135	2.84	4.93
Layer7	25	0.121	0.117	6.14	6.57

表2-5中，v_1为原始数据电磁波传播速度；ε_1为原始数据地层介电常数；v_5为滤波处理后电磁波传播速度；ε_5为滤波处理后地层介电常数。

如图2-19所示，进行滤波处理后，各个界面上电磁波传播速度均有变化，第六界面存在介质变化区域，电磁波速度产生突变，介电常数和电磁波速度有直接关系，因此介电常数的变化值也发生相同的变化，将会影响到地层结构的地质判断。

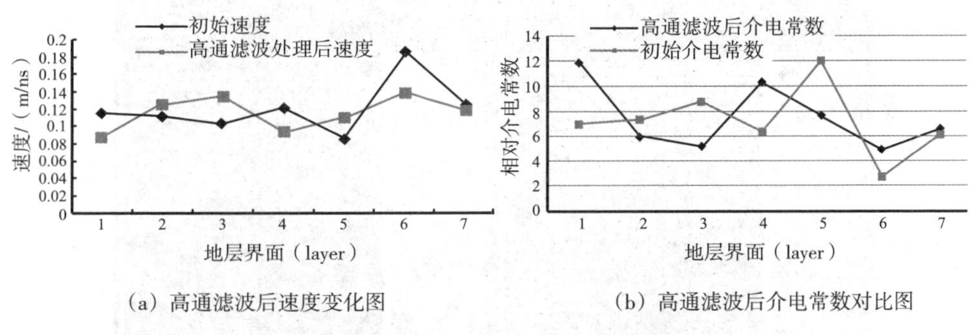

（a）高通滤波后速度变化图　　（b）高通滤波后介电常数对比图

图2-19　滤波处理后速度及介电常数变化图

根据图像对比图，高通滤波处理对原始数据影响小，只是在距离掌子面较远的深地层处对低频或者高频的信号进行一定的滤波作用；根据雷达数据推算的介电常数对比发现，高通滤波处理在每个阶段都对电磁波有明显的改变，因此高通滤波处理在适当的、干扰较大的采集数据处理中应用。

2.4.5　反褶积处理效果对比

反褶积的处理方法在地球物理方法中有着很广泛的使用，它具有典型的处理方法：如预测反褶积、稀疏矩阵反褶积、最小平方反褶积及尖脉冲反褶积等。因此根据地质雷达的一些基本数据处理方法，反褶积是一种比较好的处理方法。

实际中的电磁波反射脉冲是时间延续的电磁波波形 $b(t)$。假设雷达的记录是反射系数 $\xi(t)$ 与雷达波的褶积。

$$x(t)=b(t)\times\xi(t) \tag{2-72}$$

令

$$\xi(t)=a(t)\times x(t) \tag{2-73}$$

式（2-72）代入式（2-73）得：

$$\xi(t)=a(t)\times b(t)\times\xi(t) \tag{2-74}$$

由式（2-74）知：

$$a(t)\times b(t)=1 \tag{2-75}$$

$a(t)$ 称为 $b(t)$ 的反子波。把雷达记录 $x(t)$ 与反子波 $a(t)$ 褶积计算，可得反射系数序列 $\xi(t)$

$$\xi(t)=\sum a(\tau)x(t-\tau) \tag{2-76}$$

反褶积可以对反射的电磁波脉冲进行压缩，就可以让图像中的时间分辨率提高，而且还可以消除多次波重复的干扰噪声。在图2-20中就可以清楚看到，反褶积对雷达图像的噪声去除效果。数据处理对比效果图如图2-20所示。

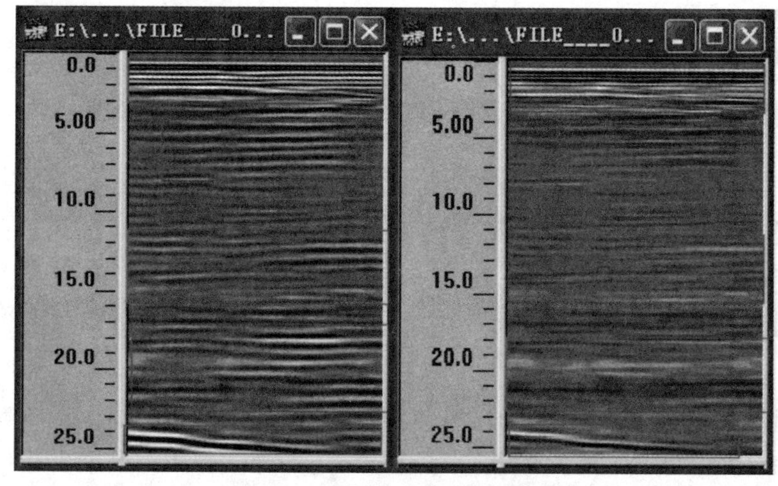

图2-20　反褶积处理效果图对比

图2-20为原始数据图像，右图为反褶积处理后图像，图像有很明显的变化，从0～5m的范围内，原先反射明显的反射层在反褶积处理后消除了部分干扰波，有了较为正常的显像；5～15m处的两个明显反射带，也因为去除干扰后，回归到比较正常的图像显像模式；15～25m处，底部的节理反射层以及强

烈的反射干扰波均有明显的消除迹象。对原数据和滤波处理后的数据进行交互式解释对比，数据处理前后的固定点速度变化如表2-6所示。

表2-6　交互式解释处理结果图

	深度/m	v_1/(m/ns)	v_6/(m/ns)	ε_1	ε_6
Layer1	1.2	0.114	0.088	6.92	11.62
Layer2	5	0.111	0.108	7.30	7.71
Layer3	10	0.102	0.110	8.65	7.43
Layer4	14.7	0.119	0.119	6.35	6.35
Layer5	17	0.087	0.087	11.89	11.89
Layer6	19.5	0.178	0.132	2.84	5.16
Layer7	25	0.121	0.114	6.14	6.92

表2-6中，v_1为原始数据电磁波传播速度；ε_1为原始数据地层介电常数；v_6为反褶积处理后电磁波传播速度；ε_6为反褶积处理后地层介电常数。

如图2-21所示，进行反褶积处理后，1、3、6、7界面上电磁波传播速度有变化，但速度变化均不是很大，第6界面存在介质变化区域，电磁波速度产生突变。由于介电常数和电磁波速度有直接关系，因此介电常数的变化值也发生相同的变化，将会影响到地层结构的地质判断。

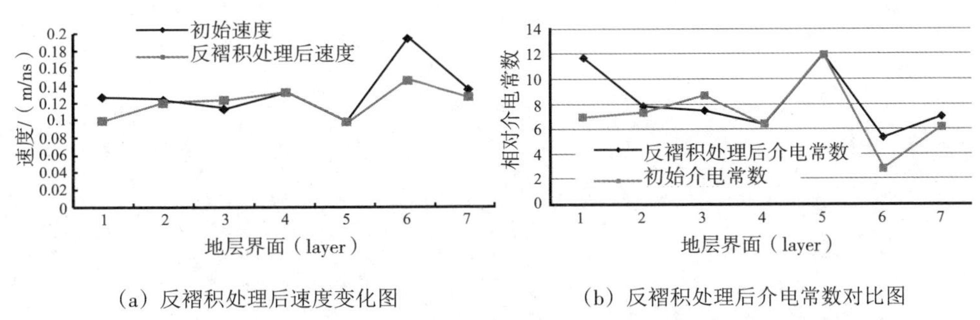

（a）反褶积处理后速度变化图　　（b）反褶积处理后介电常数对比图

图2-21　反褶积处理后速度及介电常数变化图

反褶积处理对图像影响较大，对整个图像上的各种干扰波都有良好的去除效果，使得图像较未经处理时明显容易识别，且不易被干扰波影响而导致误判；而且对雷达电磁波速度的影响较小，同时对介电常数的推算影响也就相应地减小。因此，反褶积处理是一种可靠的、重要的处理方式。

2.5 小结

本章提出在不同压实度与含水率下的黄土相对介电常数、电导率的数理关系，以及不同地质雷达天线频率对黄土相对介电常数-含水率物理关系的影响规律。

（1）在黄土地区的地质探测中，地质雷达发射的电磁波场因被大地吸收而按指数规律 $e^{-\beta R}$ 衰减，电磁波向外传播的功率则按 $e^{-2\beta R}$ 衰减。

（2）天线的频率越高，其垂直分辨率越小，分辨能力越强；而水平分辨率不仅与天线频率有关，还随着目的体深度的增大而变大，即目的体深度越大，分辨能力越低。

（3）图像识别后处理阶段各关键处理步骤如自动增益、背景去除、水平叠加、滤波、反褶积处理之后对电磁波波速的影响，对比电磁波速度发生的变化，以及相应的介质介电常数的变化，并通过这种变化来决定适当合理的数字处理步骤。其中增益处理、叠加处理、高通滤波对原始数据影响较小，去除背景处理、反褶积处理对原始数据影响较大。

（4）根据地质雷达探测基本原理及成像特征，主要地质模型可分为点状目标地质和层状地质。

3 黄土介电特性研究

3.1 黄土暗穴成因及增湿变形机理

3.1.1 黄土结构特性

非饱和黄土的土壤主要由固、液和气相构成，若土中的孔隙全部由水填充时，称为饱和土；土壤孔隙由水和空气填充，该土壤为非饱和土。非饱和黄土的结构如图3–1所示。

图3–1　非饱和黄土结构示意图

自然状态下土体一般视为非饱和土。三相组成物质中，固体部分（土颗粒）一般由矿物质以及有机质组成，固相成分较为稳定，不易改变，是骨架主体；液体和气体填充在固体颗粒之间。三相的成分、体积和质量上的比例关系，决定了土的物理性质，如干湿、轻重、松紧和软硬等，而土的物理性质在很大程度上又决定着土的力学性质，如土的抗剪强度、土的临塑荷载、极限荷载及地基土的承载力等。

黄土是一种第四纪沉积物，它具有一系列内部物质成分和外部形态特征，不同于同时期的其他沉积物。

如图3–2所示，黄土具有以下特征：

（1）颜色以黄色、褐黄色为主，有时呈灰黄色；（2）颗粒组成以粉粒

（0.05~0.005mm）为主，含量一般在60%以上，几乎没有粒径大于0.25mm的颗粒；（3）孔隙比较大，一般为1.0左右；（4）富含碳酸钙盐类；（5）垂直节理发育；（6）一般有肉眼可见的大孔隙。

图3-2　松散黄土堆积示意图

黄土按其成因分为原生黄土和次生黄土。一般认为不具层理的风成黄土为原生黄土。原生黄土经过流水冲刷、搬运和重新沉积而形成次生黄土，次生黄土具有层理，并含有较多的砂乃至细砂。

3.1.2　固结黄土湿陷性及增湿变形机理

黄土最重要的工程性质就是湿陷性。黄土在一定的压力（即土自重压力或土自重压力与附加压力）下受水浸湿后结构迅速破坏而发生显著附加下沉的现象，称为湿陷。浸水后产生湿陷的黄土称为湿陷性黄土，湿陷性黄土除具备黄土的全部特性外还具有湿陷性。在湿陷性黄土地区进行各种工程建设时常常遇见一些工程地质问题，对工程建设和生命财产造成较大危害。

湿陷性黄土地区的水渠、水塘、水库等水利工程，往往由于水的渗漏、淹没、浸湿致使黄土层遭到自上而下的浸水（上浸水）与自下而上的浸水（下浸水）。由于水工建筑物渗漏作用，使湿陷性黄土地基软化、强度降低、压缩性增大。除此之外，湿陷性黄土地区的水工建筑物还能造成盐渍化、黄土潜蚀、水库边岸再造等工程地质问题。

黄土之所以具有湿陷性首先是与它的组构有关，微结构、颗粒组成和矿物成分、孔隙及裂隙和黏粒胶结情况是引起湿陷的主要原因，而直接影响黄土湿陷性的因素是含水量和压力。

1. 内在因素

构成黄土骨架的颗粒组成、连接形式、颗粒形态和排列方式影响着黄土的湿陷性大小。

（1）颗粒组成；

（2）颗粒形态；

(3）颗粒排列方式；

(4）颗粒连接形式。

2. 外部因素

影响黄土湿陷的外部因素主要是含水量和压力，其次还有地震等动力作用，这些因素又是黄土产生湿陷的直接原因。

(1）天然含水量的影响

据土工试验结果，湿陷性黄土的天然含水量大小对湿陷性影响很大，当其他条件相同时，黄土的湿陷性随其含水量的增加而减弱；当天然含水量相同时，黄土的湿陷变形随增湿程度而变化。

(2）黄土的增湿变形规律

黄土的湿陷系数随着土的增湿水量的增大而增大，但这种增大关系并非一直持续下去，当达到最大值后却相对下降，即黄土的最大湿陷系数并非位于饱和度最大处，湿陷曲线呈单峰状。不同的土样或初始状态（即天然饱和度）不同，一般情况下高原黄土比阶地具有更高的峰值饱和度，相比之下前者的峰值饱和度与其充分浸水时饱和度差异减小。压力对增湿峰值饱和度的影响并不大，具有较为稳定的值域区间，对黄土的增湿湿陷起关键作用的结构要素有三个，即接触带形态、颗粒表面起伏程度以及颗粒的相对大小对于增湿湿陷具有最为直接的影响。

天然黄土饱和度低，小孔隙处颗粒靠得很近，其可变结构吸力和湿吸力均很大；而大孔隙处由于颗粒不接触，其广义吸力非常小。当含水量升高时，小孔隙的湿吸力下降，而其盐分溶滤多沉淀于大孔隙中导致大孔隙中的湿吸力随含水量增大而提高，并生成可变结构吸力，这种广义吸力受饱和度影响在空间上极其不平衡，从而引起微结构重建动力与重建阻力间的动态对抗过程。而微结构重建动力和重建阻力随增湿含水量的变化规律决定了湿陷性与增湿饱和度的关系。

首先，增湿饱和度大于某一临界值时才会有足够多的微单元体滑移引起结构重建，再随增湿量的提高，滑移的微单元体数量逐渐增多，湿陷变形加快，直到最大。增湿水量进一步增大，能滑移的微单元体数量又逐渐减少，湿陷变形逐渐降低。由于不同地区黄土微结构形态、可溶盐胶结物及可溶性等级差别，它们的湿吸引力、可变结构吸力随饱和状态的变化规律及结构参数不一样，因而其微单元重建动力和重建阻力随饱和状态的变化规律存在差别，这就决定了不同初始状态的土样，其湿陷的强弱及其峰值湿陷系数值所对应的峰值饱和度应当有所不同。

因此根据固结黄土中的含水率即可推断相应的增湿变形特征及变形量，而本书通过建立含水率-增湿变形、含水率-相对介电常数/电导率的数理关系，尝试以相对介电常数/电导率研究固结黄土增湿变形的形态及量化参数。

3.2 含水率-相对介电常数/电导率数理关系实验研究

3.2.1 地质雷达波速与含水率的理论关系

地质雷达是以电磁波发射与接收这一过程进行地质探测，地质雷达波速问题在雷达检测中至关重要，速度计算正确与否直接影响到目标深度的估计精度。另外，地质雷达波速的平方跟介质的相对介电常数呈反比关系，速度可以直接反映相对介电常数的变化，而相对介电常数是与目标对象的物质组成成分有关，所以速度又是推断被测对象材质的一个重要参数。

本书以地质雷达波在介质中的旅行时间为研究目标，分析电磁波在试样界面的反射位置，同时根据旅行时间即可推算出地质雷达的实际波速。计算模型如图3-3所示。

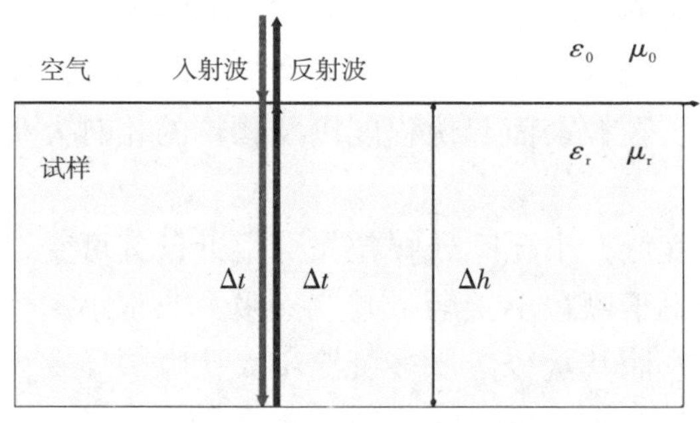

图3-3 地质雷达波速计算模型

由图3-3可知，电磁波在黄土试样中经过 Δt 到达试样底部，同时产生反射效应，一部分电磁波再次经过 Δt 后到达试样表面，并被地质雷达设备所接收。因此，通过已知尺寸的试样即可直接测量电磁波的旅行长度 Δh，通过地质雷达对试样的扫描数据分析，判断试样底面的位置，从而读取电磁波的走时 Δt，根据 $v=\Delta h/\Delta t$ 即可计算出电磁波在该试样中的实际波速。

同时，根据电磁场的亥姆霍兹（Helmholtz）方程组：

$$
\begin{aligned}
&\nabla\times\nabla\times E+\mu\sigma\frac{\partial E}{\partial t}+\mu\varepsilon\frac{\partial^2 E}{\partial t^2}=0\\
&\nabla\times\nabla\times H+\mu\sigma\frac{\partial H}{\partial t}+\mu\varepsilon\frac{\partial^2 H}{\partial t^2}=0
\end{aligned}
\tag{3-1}
$$

式中，H 为磁场强度；E 为电场强度；μ 为磁导率；σ 为电导率；t 为时间；而标准波动方程如下：

$$\nabla^2 u - \frac{1}{v^2}\frac{\partial^2 u}{\partial t^2} = 0 \tag{3-2}$$

因此对比亥姆霍兹方程与标准波动方程的系数，则有：

$$v = \frac{1}{\sqrt{\mu\varepsilon}} \tag{3-3}$$

同时

$$c = \frac{1}{\sqrt{\mu_0 \varepsilon_0}} \tag{3-4}$$

其中相对介电常数 $\varepsilon = \varepsilon_0 \times \varepsilon_r$，$\varepsilon$ 是介电常数，ε_0 是真空相对介电常数，ε_r 是介质相对介电常数。磁导率 μ 近似等于1，因此将式（3-4）代入式（3-3）即可得到：

$$v = \frac{c}{\sqrt{\varepsilon_r}} \tag{3-5}$$

根据式（3-5），可得电磁波速与相对介电常数的关系曲线，如图3-4所示。

因此，本实验中的黄土相对介电常数值可由下式获得：

$$\sqrt{\varepsilon_r} = c\frac{\Delta h}{\Delta t} \tag{3-6}$$

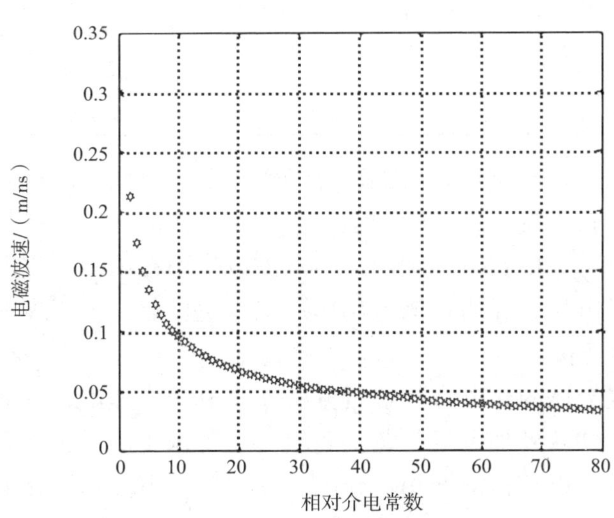

图3-4　相对介电常数与电磁波速关系曲线

黄土的相对介电常数是一个至关重要的参数，相对介电常数是电介质在电场中储存静电能的相对能力，表征电介质或绝缘材料电性能的一个重要数据，常用 ε_r 表示。真空的相对介电常数 ε_0 为绝对介电常数，$\varepsilon_0 = 8.85 \times 10^{-12}$F/m，通常以真空介电常数作为最低单位，其余介质均以对真空介电常数值的比值作为相对介电常数值，因此相对介电常数 ε_r 无量纲。

Topp、Wensink等国内外专家通过室内实验给出常见岩土介质的相对介电参数、电导率的参考值及其范围，如表3-1所示。

从表3-1中的参数可以发现，空气的相对介电常数为1，水的相对介电常数为81，而固体介质的相对介电常数差异却比较大，如以土和气体为主的土壤相对介电常数为2.6～15，以土和水为主的泥土相对介电常数为5～30，说明水、土、气三种成分的比例对土体本身的相对介电常数影响非常明显。

表3-1　岩土体材料相对介电常数表

	相对介电常数 ε_r
空气	1.00
纯水	81.00
混凝土	6.00~8.00
淤泥	5.00~30.00
干砂	4.00~6.00
湿砂	30.00
土壤	2.60~15.00
干黏土	2.40
湿黏土	8.00~12.00
冻土	4.00~8.00

非饱和黄土混合介质在地质雷达电场作用下，原先混乱排列的正负电荷受电场的激励作用自由发生趋势性的运动。对单元体而言，大多数正电荷集中在电场负向，负电荷集中在电场正向。当电磁波作用在单相介质上时，在介质中会产生有效分子电场，介质在该电场作用下发生极化，主要表现为自由电子和极性分子的自由迁移。

由于黄土混合体的介电常数解析分析涉及电介质理论、电动势理论与黄土结构特征等，本文从外加电场与黄土各组分的容积比例、相对介电常数的关系入手，联立求解，以获得混合相对介电常数关于各组分相对介电常数与体积的表达式。

借助洛仑兹（Lorentz）等人早期的研究成果，混合体具体组分的平均宏观电场和外加电场的关系为：

$$E_{\text{in}} = \frac{3\varepsilon_r}{\varepsilon_{ri} + 2\varepsilon_r}E \tag{3-7}$$

式中，E_{in} 为组分的平均宏观电场；E 为外加电场；ε_{ri} 和 ε_r 分别为组分的相对介电常数和混合介质的相对介电常数。具体组分的有效分子电场E_i为：

$$E_i=\frac{\varepsilon_{ri}+2}{3}\cdot\frac{3\varepsilon_r}{\varepsilon_{ri}+2\varepsilon_r}E=\frac{\varepsilon_r(\varepsilon_{ri}+2)}{\varepsilon_{ri}+2\varepsilon_r}E \tag{3-8}$$

电动势位移D_i与电场存在如下关系：

$$D_i=\varepsilon_0E_i+\frac{Ne^2}{m\omega^2+k}E_i \tag{3-9}$$

式中，N 为单位体积内偶极子数目；e 为电子电量，$e=1.6\times10^{-19}$C；m 为电子质量；$m=9.11\times10^{-31}$kg；ω 是电磁场激励的主频率。

地质雷达在探测时产生电磁场，相当于对黄土的各相介质施加外在电场，而黄土的三相介质近似符合电介质特征，因此混合黄土的电动势–电场关系式可由Lorentz模型结合电动势方程得出：

$$D_x=\varepsilon_0E_x+\frac{Ne^2}{m\omega^2+k}\frac{\varepsilon_r(\varepsilon_r+2)}{\varepsilon_r+2\varepsilon_r}E_x+3\varepsilon_0\frac{\varepsilon_\infty-1}{\varepsilon_\infty+2}\frac{\varepsilon_r(\varepsilon_r+2)}{\varepsilon_r+2\varepsilon_r}E_x=\varepsilon_0\varepsilon_rE_x \tag{3-10}$$

本文对非饱和黄土固、液和气三相介电性质进行分析，整体相对介电常数与各组分相对介电常数值的一般线性关系为：

$$\varepsilon=k_a\varepsilon_a+k_s\varepsilon_s+k_w\varepsilon_w \tag{3-11}$$

$$k_a+k_s+k_w=1 \tag{3-12}$$

式中，ε 为非饱和黄土相对介电常数；ε_a、ε_s、ε_w 分别为气体、固体、液体的相对介电常数；k_a、k_s、k_w 为气体、固体、液体容积比例系数。

联合式（3–10）及三相介质间的线性关系式（3–11）、式（3–12），可得到黄土相对介电常数的一般关系式：

$$\left(2\sum_{i=1}^{3}\frac{\varepsilon_{ri}-1}{\varepsilon_{ri}+2}-3\right)\varepsilon_r^2+\left(\sum_{i=1}^{3}\frac{\varepsilon_{ri}-1}{\varepsilon_{ri}+2}\varepsilon_{ri}+4\sum_{i=1}^{3}\frac{\varepsilon_{ri}-1}{\varepsilon_{ri}+2}+3\right)\varepsilon_r+2\sum_{i=1}^{3}\frac{\varepsilon_{ri}-1}{\varepsilon_{ri}+2}\varepsilon_{ri}=0 \tag{3-13}$$

通过一元二次方程的求根公式即可得出混合黄土相对介电常数。

（1）干黄土的相对介电常数值

干黄土由土颗粒与气体组成，取黄土颗粒的相对介电常数为5，空气相对介电常数为1，则有：

$$\varepsilon_r=\frac{\sqrt{0.48n^2-100.4n+108.9}+8.15-5.15n}{3.72+2.28n} \tag{3-14}$$

式中，n 是干土空隙率，是指黄土中的孔隙体积与黄土在自然状态下总体积的百分比。

其规律曲线如图3–5所示。

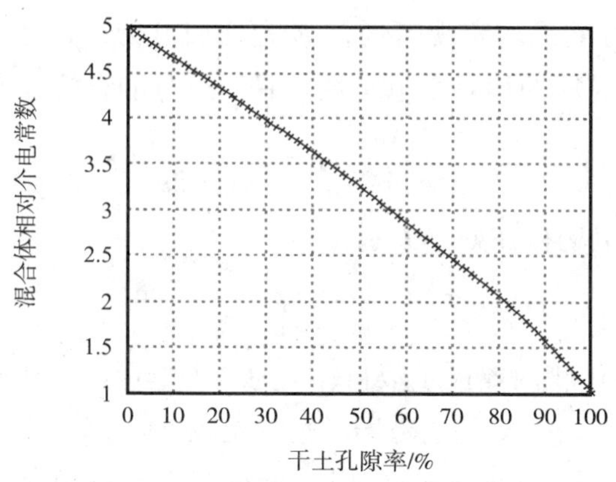

图3-5　黄土相对介电常数与孔隙率的关系曲线

根据解析解方程分析，随着干土空隙率的逐渐增加，黄土颗粒-空气的混合体相对介电常数逐渐减小，而对极值分析可知，当孔隙率增加至1时，也就是空气状态下相对介电常数为1，该结果符合一般规律。也就是压实度增加，混合土的相对介电常数增加。

（2）非饱和黄土的相对介电常数值

非饱和黄土由土颗粒与自由水两种介质组成，取黄土颗粒的相对介电常数为5，水的相对介电常数为81，则有：

$$\varepsilon_r = \frac{\sqrt{5423.7\theta^2 + 2350.0\theta + 108.8} + 8.14 - 76.78\theta}{3.72 - 1.56\theta} \tag{3-15}$$

式中，θ是体积含水率，指黄土中的水体积与黄土在自然状态下总体积的百分比。为了进一步研究非饱和黄土与含水率的关系，本文将公式（3-15）命名为非饱和黄土介电常数的数学模型，简称为MTAH MODEL，其规律曲线如图3-6所示。

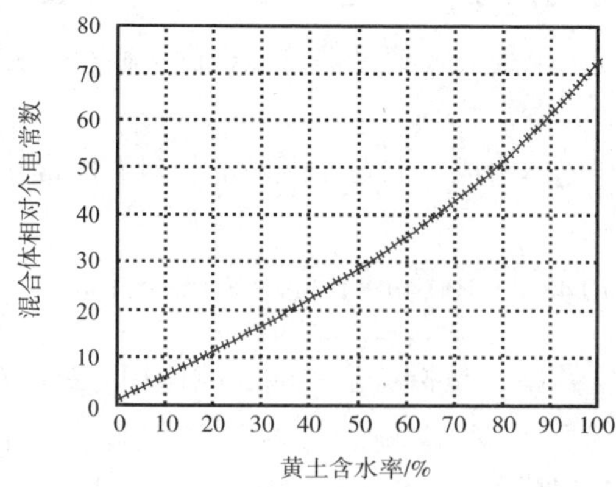

图3-6　黄土相对介电常数与含水率关系曲线

根据解析解方程分析，随着黄土的含水率逐渐增加，黄土颗粒-水的混合体相对介电常数逐渐增加，而对极值分析可知，当含水率增加至100%时，也就是纯水状态下相对介电常数为74，整体规律趋势基本正确，符合一般规律。

3.2.2 实验设备与测试参数

本书中试验采用美国GSSI公司生产的SIR-3000系列地质雷达，实验根据试样的尺寸选择的天线频率为400MHz、900MHz以及2GHz；制样采用的是平面应变试验设备，尺寸为5cm×10cm×10cm；压样设备选用反力架。各仪器设备及所制土样如图3-7所示。

（a）压样反力架

（b）制样设备

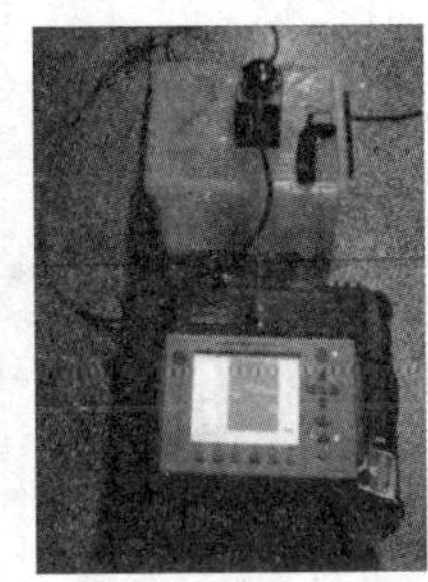
（c）雷达主机及天线

（d）制备的土样

图3-7 实验设备及黄土试样

采用900MHz、400MHz以及2GHz的地质雷达天线，对不同含水率的样本进行扫描采集数据，主要实验参数设置如表3-2所示。

表3-2 地质雷达天线参数

天线频率	2 GHz	900 MHz	400 MHz
发射率	350 kHz	100 kHz	100 kHz
采样点数	512	512	512
记录长度/ns	12	20	40
扫描速度/(scan/s)	300	50	50
增益点数	1	2	5
低通滤波器	5000	2500	800
高通滤波器	10	225	100

本书以黄土为主，对黄土的相对介电常数尝试以室内地质雷达方法进行测试，主要实验步骤如下：

（1）现场采集土样，封存备用；

（2）手工过筛将土样制备为细粉状；

（3）配置体积含水率分别为10%~37%的试样；

（4）48h充分静置之后，反力架分层压样，拆模装塑封袋；

（5）以地质雷达2GHz、900MHz、400MHz的主频天线扫描土样，采集数据；

（6）实测数据的后期处理。

3.2.3 不同含水率黄土试样的介电常数规律

美国GSSI公司针对雷达实测数据配套有RADAN系列后处理软件，该软件的基本数据处理功能有：数据裁剪、图像逆向显示、增益处理、一维频率滤波、高级滤波、波形及波列图像输出、数据交互式解释等。综合考虑试样尺寸以及雷达天线的精准度，本节选取2GHz的天线，对试样进行扫描，经过后处理软件RADAN对试样扫描的文件进行滤波及去除背景等处理后，选取代表性的实测数据扫描图，如图3-8所示。

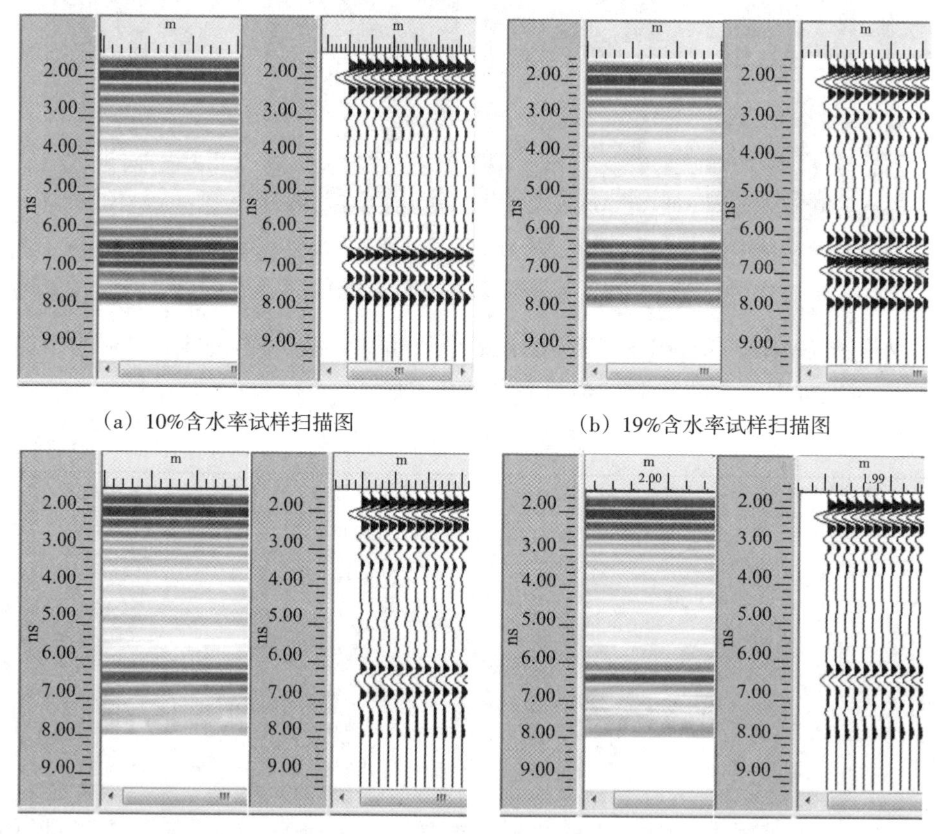

（a）10%含水率试样扫描图

（b）19%含水率试样扫描图

（c）28%含水率试样扫描图

（d）37%含水率试样扫描图

图3-8　2GHz天线下试样扫描图

由图3-8（a）的扫描图可以看出电磁波传播过程中的不同成像特征，1～3ns的范围内为电磁波在空气与试样的反射而成，以及雷达子波的自身反褶积的特征导致波形较为明显；电磁波在试样传播的范围主要为3～6ns左右，该段时间内，电磁波无明显反射信号，保持较好的衰减特征，同时也说明试样较为均匀；6～9ns为试样与空气的反射界面。

图3-9是经MATLAB读取地质雷达实测数据形成的伪彩色波形图，图中所展示的波形强度特征是由电磁波在不同含水率的试样中的传播导致的，(a)(b)(c)(d)图分别是10%、19%、28%、37%含水率的试样成像图，测试面以下1～3ns的波形即是电磁波在试样中的平稳衰减曲线。图3-10分别是各扫描图的单波形图，目的在于更为清楚地展示较为细致电磁波形。结合扫描图与波形图整体规律，可以认为电磁波在不同含水率的试样中传播具有较为明显的差异，因此可以根据试样中含水率的变化得出试样介电特性的趋势，而介电特性的变化需要对二维扫描数据进行相对介电常数的进一步计算。

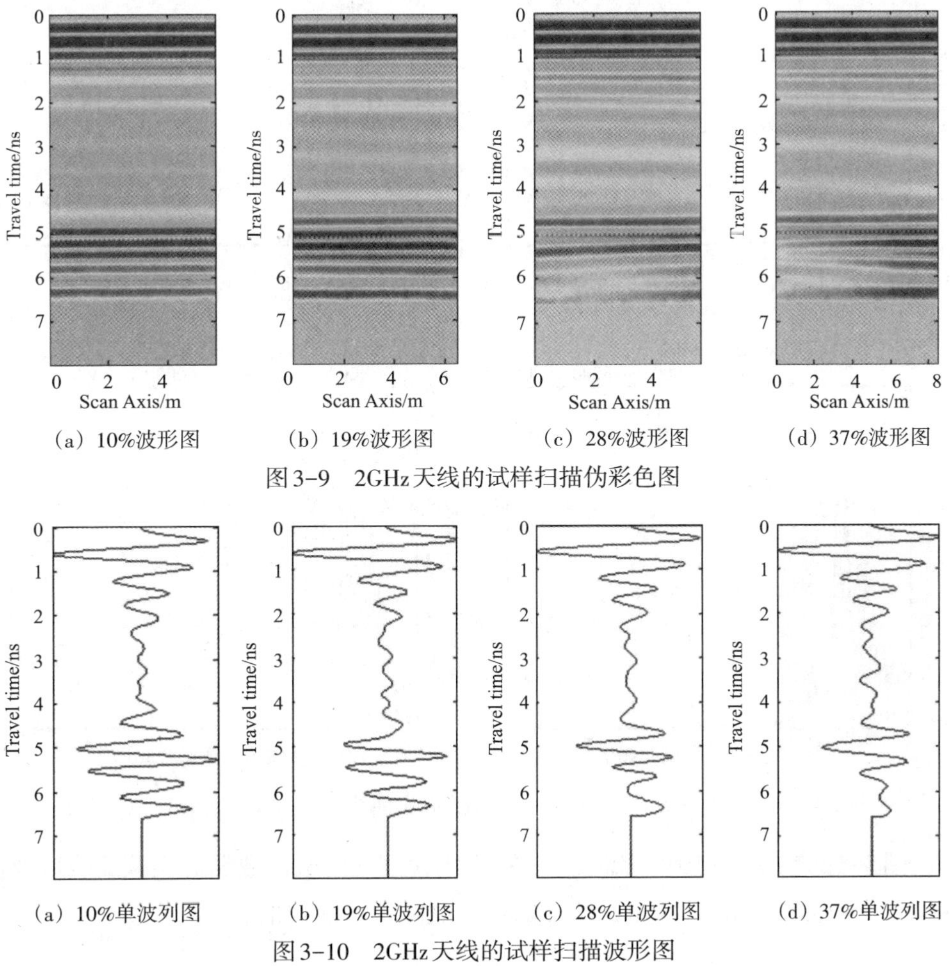

(a) 10%波形图　(b) 19%波形图　(c) 28%波形图　(d) 37%波形图

图3-9　2GHz天线的试样扫描伪彩色图

(a) 10%单波列图　(b) 19%单波列图　(c) 28%单波列图　(d) 37%单波列图

图3-10　2GHz天线的试样扫描波形图

图3-11是10%、19%、28%、37%不同含水率的试样数据频谱图，频谱是指将时域信号变换至频域，从而得出地质雷达扫描动态信号中的频率分布范围和频率成分。图中可以看出频谱主值均分布在1800MHz左右，但是图中的纵坐标（Amplitude波幅值）有着较为明显的差异，10%含水率试样的波幅值约为7.9mV；19%含水率试样的波幅值约为6.3mV；28%含水率试样的波幅值约为5.4mV；37%含水率试样的波幅值约为5.2mV。因此，可以看出频谱能明显反映出土试样含水率的变化。

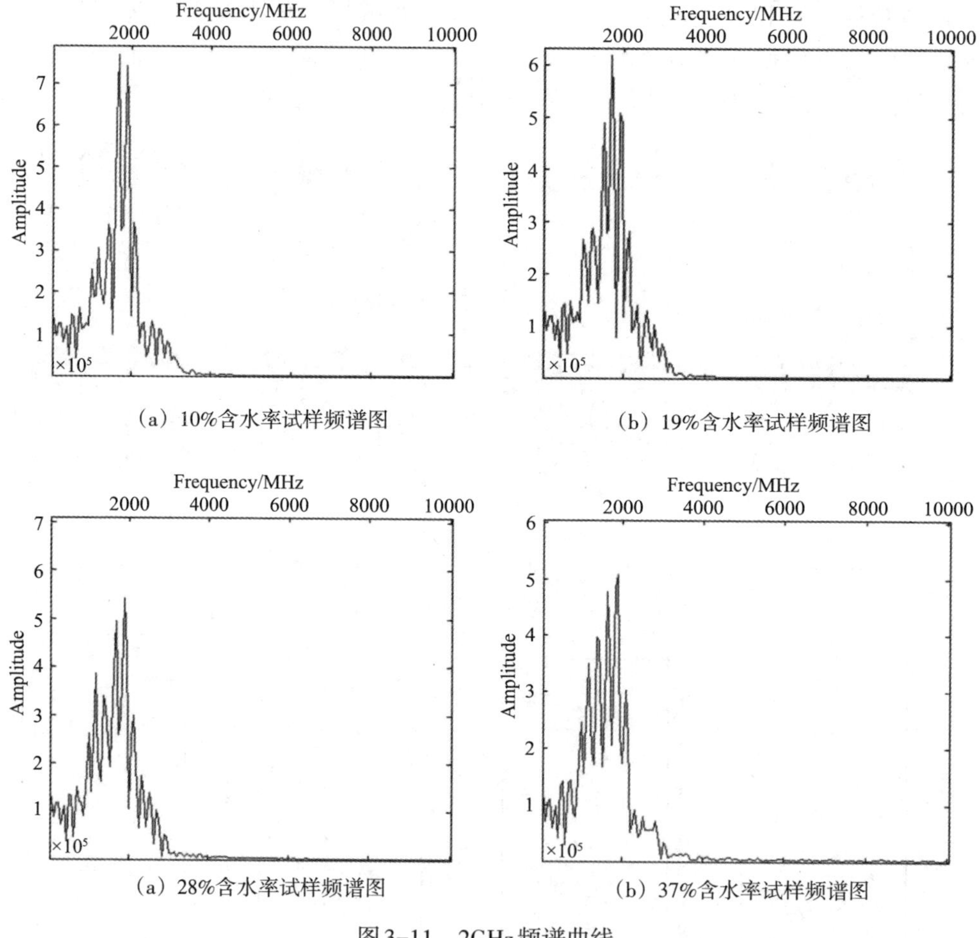

（a）10%含水率试样频谱图

（b）19%含水率试样频谱图

（a）28%含水率试样频谱图

（b）37%含水率试样频谱图

图3-11　2GHz频谱曲线

图3-12是10%、19%、28%、37%不同含水率的试样数据的衰减曲线以及最佳拟合指数曲线，由图可知，试样的最佳衰减拟合曲线的e指数分别为：$e^{-0.473t}$、

$e^{-0.391t}$、$e^{-0.342t}$、$e^{-0.293t}$，说明地质雷达波强度在试样中以e指数衰减；且随着试样含水率增加，衰减强度也逐渐增加。

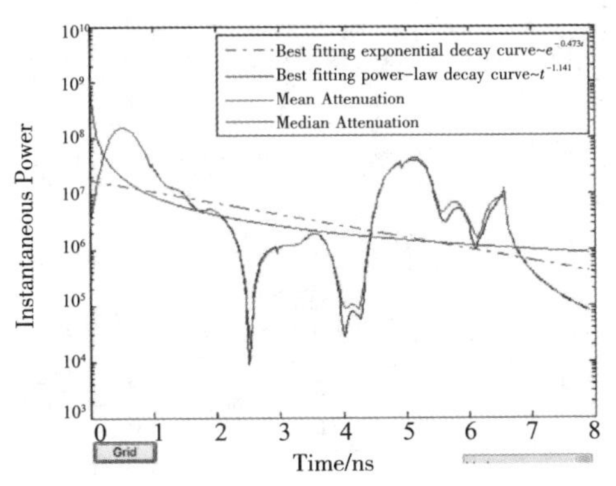

（a）含水率为10%衰减曲线以及最佳拟合指数曲线

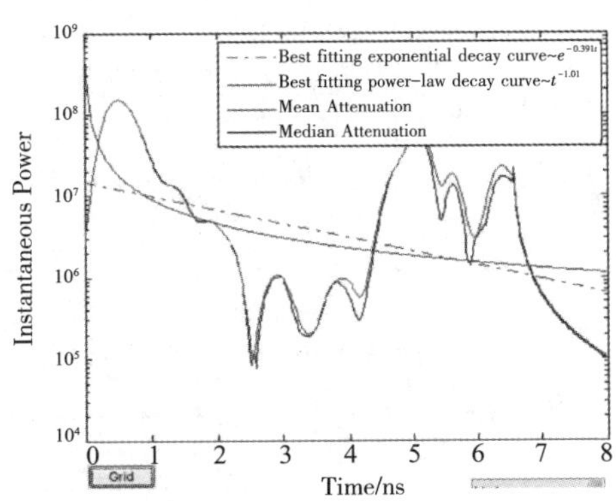

（b）含水率为19%衰减曲线以及最佳拟合指数曲线

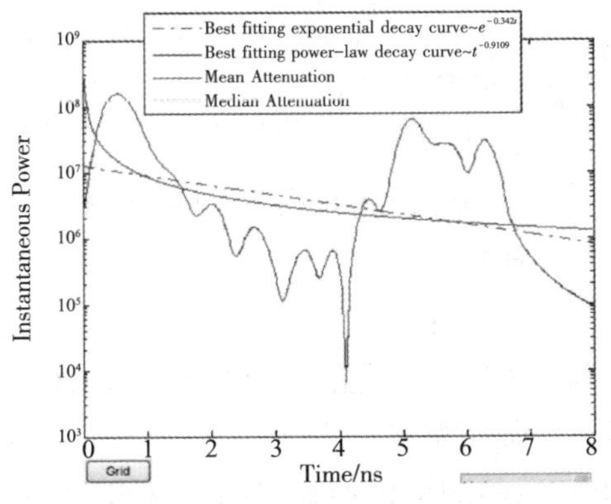

（c）含水率为28%衰减曲线以及最佳拟合指数曲线

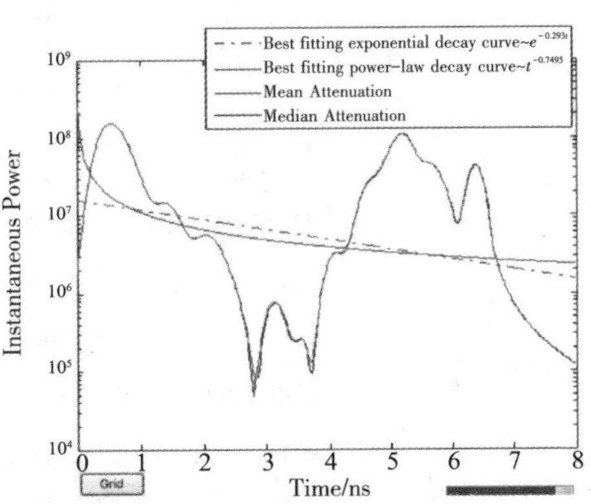

（d）含水率为37%衰减曲线以及最佳拟合指数曲线

图3-12　衰减特性曲线

图3-13是10%、19%、28%、37%不同含水率的试样数据的衰减强度拟合曲线，拟合曲线的两次波峰值分别为：1.6×10^4mV、2×10^3mV；1.6×10^4mV、1.1×10^3mV；1.6×10^4mV、1.8×10^3mV；1.6×10^4mV、3×10^3mV；初波峰的幅值基本接近，而第二波峰有较为明显的增加，说明第二波峰是识别含水率增加的主要特征。

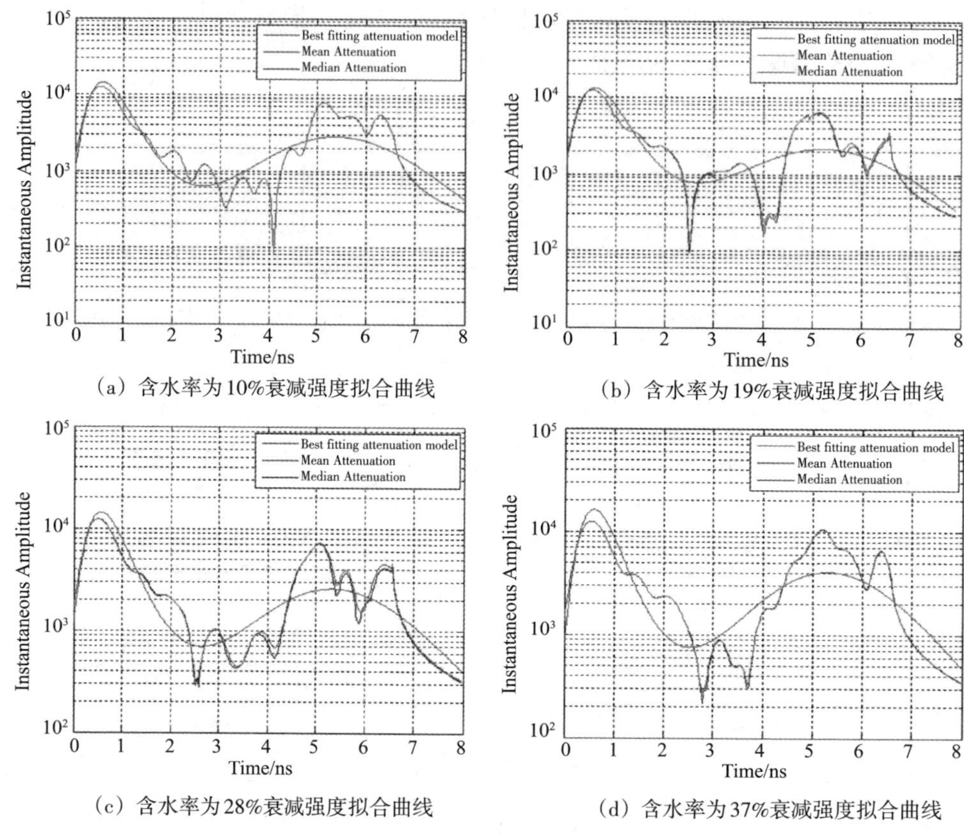

（a）含水率为10%衰减强度拟合曲线

（b）含水率为19%衰减强度拟合曲线

（c）含水率为28%衰减强度拟合曲线

（d）含水率为37%衰减强度拟合曲线

图3-13　衰减拟合曲线

因此，可以证实试样的含水率增加，地质雷达扫描图的波形、频谱以及衰减曲线都具有较为规律的变化趋势。这也说明GPR方法能够灵敏反映出试样含水率的变化，以GPR方法测试得出的数据满足研究需求。

以地质雷达的2GHz天线作为相对介电常数的测试仪器，在不同含水率、不同压实度下黄土相对介电常数测量数据如表3-3所示。

表3-3　不同含水率、不同压实度下的黄土相对介电常数值

压实度 相对介电常数 含水率/%	0.88	0.90	0.92	0.94	0.96	0.98
10	4.97	5.11	5.21	5.45	5.57	5.66
13	5.87	5.96	6.01	6.19	6.63	6.75
16	6.75	6.36	7.12	8.06	8.91	9.38
19	8.69	8.96	9.93	10.79	11.79	11.58
22	9.91	10.38	10.98	11.98	12.66	13.36
25	10.66	11.36	12.88	13.63	14.18	15.30

根据受到压实度和含水率共同影响的黄土介电常数数据可以绘制出曲面拟合图，并求出对应的最佳拟合曲面方程，也就是非饱和黄土压实度、含水率–相对介电常数的数理关系，如图3–14所示。

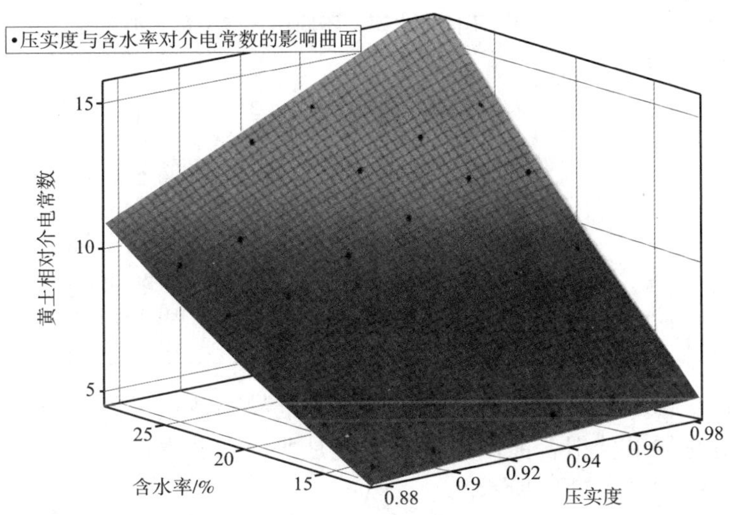

图3–14　不同含水率、不同压实度下的黄土相对介电常数值曲面拟合

通过MATLAB曲面拟合工具，选取含水率与压实度的二次方为参考系数，可获得如下方程及拟合精度：

$$f(x,y)=p00+p10\cdot x+p01\cdot y+p20\cdot x^2+p11\cdot x\cdot y+p02\cdot y^2$$

通过对系数的拟合计算，即可获得各个系数的近似值如下：

$p00=1.821$；$p10=20.52$；$p01=-2.009$；$p20=-24.39$；$p11=2.564$；$p02=0.003645$，且相关性系数 $R^2=0.9789$。因此综合考虑压实度与含水率因素，黄土相对介电常数曲面方程即为：

$$\varepsilon_r=1.821+20.52\times n-2.009\times\theta-24.39\times n^2+2.564\times n\times\theta+0.00364\times\theta^2 \quad (3\text{–}16)$$

式中，ε_r 为黄土相对介电常数；n 为压实度；θ 为含水率。

当土体含水率不变时，土的相对介电常数随着土体压实度的提高而增大，这是由于随着压实度的提高，孔隙水的填充率增大，单位体积土体产生的极化电荷增多，极化效应增强，表现为相对介电常数增大现象。

在同一含水率下，压实度的提高也会引起相对介电常数的增大，但其增大的量值相对很小，通过压实度的变化来反映相对介电常数的相应改变效果较差；含水率与相对介电常数呈正相关关系，随着含水率的提高，土样的相对介电常数相应增大。

3.2.4 不同含水率黄土试样的电导率规律

以高精度电阻测试表对电导率进行测试，在不同含水率、不同压实度下黄土电导率测量数据如表3-4所示。

表3-4 不同含水率、不同压实度下黄土电导率 S/m

压实度 / 电导率 / 含水率/%	0.88	0.90	0.92	0.94	0.96	0.98
10	0.022	0.025	0.028	0.032	0.038	0.044
13	0.024	0.028	0.033	0.039	0.046	0.050
16	0.027	0.033	0.036	0.044	0.051	0.054
19	0.032	0.037	0.041	0.049	0.058	0.061
22	0.037	0.041	0.049	0.051	0.058	0.069
25	0.045	0.047	0.052	0.056	0.063	0.074

根据同时受到压实度和含水率影响的黄土电导率数据可以绘制出曲面拟合图，并求出对应的最佳拟合曲面方程，也就是非饱和黄土压实度、含水率与电导率的数理关系，如图3-15所示。

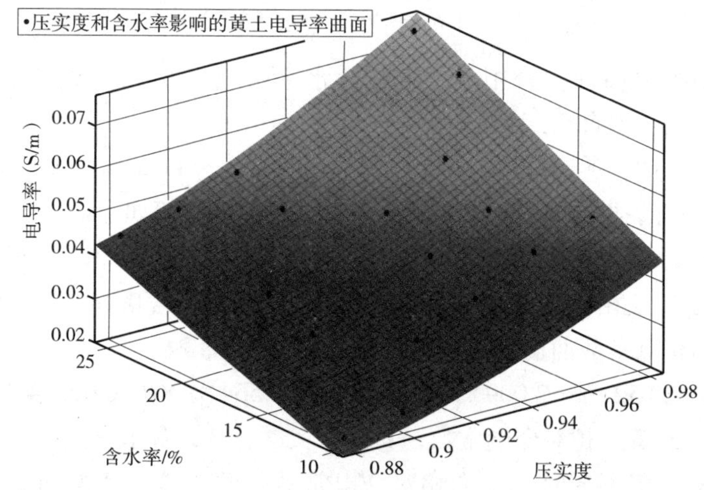

图3-15 不同含水率、不同压实度下的黄土电导率曲面拟合

通过MATLAB曲面拟合工具，选取压实度与含水率的二次方作为参考系数，可获得如下方程及拟合精度：

$$f(x,y)=p00+p10\cdot x+p01\cdot y+p20\cdot x^2+p11\cdot xy+p02\cdot y^2$$

对应的系数如下：$p00=0.729$；$p10=-0.002$；$p01=-1.732$；$p20=5.349e-06$；$p11=0.004$；$p02=1.036$。相关性系数 $R^2=0.9891$。综合考

虑压实度与含水率对黄土电导率的影响曲面方程为：

$$\sigma = 0.730 - 0.003 \times n - 1.732 \times \theta + 5.349 \times 10^{-6} \times n^2 + 0.004 \times n \times \theta + 1.036 \times \theta^2 \quad (3\text{-}17)$$

式中，σ为黄土电导率；n为压实度；θ为含水率。

在同一压实度下，随着含水率的增大，黄土的电导率将逐渐增大；随着压实度的不断增加，含水率对电导率的影响程度也有增强的趋势，主要因为随着土体含水率的提高，土中孔隙逐渐被水分填充，土中水的连通性以及导电性增强，形成了有效的电流传导路径，所以当含水率较小时，土的电导率明显减小；当压实度继续增大时，土中孔隙已基本被自由水填充，土体接近饱和状态。由于地质雷达探测对电导率的敏感度较低，而电导率的变化幅度很小时，仅从目前的地质雷达设备并不能准确检测出黄土中电导率的变化，只能依靠数值的方法进一步研究电导率对地质雷达波的影响及其规律。

3.3 不同频率下及黄土介电常数规律研究

地质雷达的基本原理在于电磁波的发射与接收，而不同的天线对应不同频率的电磁波信号，显然频率不同，介质的物理效应必然不同。为了进一步研究不同频率电磁波的影响，本书以配套的400MHz、900MHz以及2GHz的天线分别对同一试样进行测试。

选择400MHz天线，以压实度为0.92，不同含水率的试样进行测试。地质雷达扫描完成，通过导出数据并做后期处理后，提取地质雷达图像中的反射界面，并通过波速计算公式，得出不同含水率下黄土试样的相对介电常数。将不同频率天线所测试的结果相互对比，并与TOPP公式、CRIM公式、DOBSON公式比较，如图3-16所示。

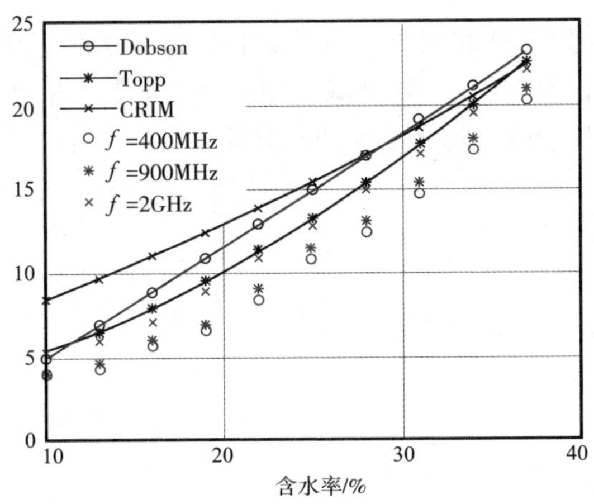

图3-16 不同天线频率下黄土含水率与相对介电常数关系

同一试样在不同的主频激励下产生不同的相对介电常数，原因在于不同频率的地质雷达电磁波脉冲对与黄土相对介电常数这一固有性质产生不同的影响，因而，相同的试样却有不同的相对介电常数测试值，这也是研究雷达频率影响的重要原因和依据；同时，400MHz主频测试的相对介电常数较低，其次是900MHz主频测试的相对介电常数测试值，而2GHz主频测试的相对介电常数值最高，从而产生随着主频增加，相对介电常数值也随之增加的经验规律。因此在黄土场地等工程检测中，黄土相对介电常数必须随着主频天线进行相应的调整。

根据各个主频下的拟合曲线以及数学模型表达式，从而建立基于主频率变化的相对介电常数经验模型如公式（3–18）所示：

$$\begin{aligned} &\varepsilon_r = 150.73\theta^2 - 10.46\theta + 3.29 f = 400\text{MHz} \\ &\varepsilon_r = 137.88\theta^2 - 1.44\theta + 2.70 f = 900\text{MHz} \\ &\varepsilon_r = 111.29\theta^2 - 12.50\theta + 2.63 f = 2G\text{Hz} \end{aligned} \tag{3–18}$$

3.4 小结

本章提出在不同压实度与含水率下的黄土相对介电常数、电导率的数理关系，以及不同地质雷达天线频率对黄土相对介电常数–含水率物理关系的影响规律。

（1）在同一含水率下，压实度的提高也会引起相对介电常数的增大，但其增大的量值相对很小，通过压实度的变化来反映相对介电常数的相应改变效果较差；含水率与相对介电常数呈正相关关系，随着含水率的提高，土样的相对介电常数相应增大。

（2）400MHz主频测试的相对介电常数较低，其次是900MHz主频测试的相对介电常数测试值，而2GHz主频测试的相对介电常数值最高，从而产生随着主频增加，相对介电常数值也随之增加的经验规律。

4 点状目标地质模型成像特征的正反演研究

根据地质雷达成像基本特征，将其地质模型分为点状目标及层状目标。本章以不同深度、半径等影响因素下的点状目标成像基本特征进行数值正演分析，并以成像特征的双曲线长短轴为反演因子，建立模型中深度与半径参数的反演模型。

4.1　点状目标体成像机理及其特征分析

地质雷达在第一个位置向地下发射电磁波脉冲，电磁波向地下传播并产生反射信号从而被接收天线局部接收，可形成一维回波信号，该回波信号包含了第一位置内的直达波、地面反射波、目标回波以及相应的干扰信号；然后，地质雷达系统移至相邻的下一位置重新发射和接收电磁波脉冲，这样连续的行为就可以由无数条一维数据组形成二维数据组。

而在实际探测中，地质雷达发射的信号并不是一维信号，而是在二维平面中形成一个扇形面，在三维空间中形成一个圆锥体。当地质雷达在位置1时，扫描区域是一个扇形面，从而可以探测到B点的目标体，而在时域记录中，只能在A点形成其反射特征；当地质雷达移动至位置2时，对目标体的探测就属于垂直探测；当地质雷达移动至位置3时，同理，对B的探测形成的目标体反射特征曲线就会在剖面图的C位置显示。而根据成像机理，对于点状目标体的成像就变为类似双曲线函数的特征。

当雷达紧贴地面时或者雷达离地距离很小时，假设天线收发同置，电磁波在地下均匀介质中传播，传播路径较为简单，经过目标反射回到接收天线，如图4–1所示。

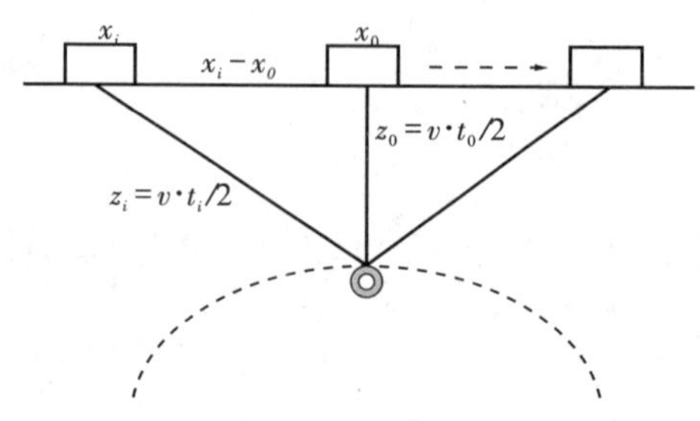

图4-1　地质雷达点目标曲线形成原理图

目标在雷达探测线上的投影点为 x_0 ， t_0 为 x_0 处对应的目标回波延时，其他雷达探测水平位置为 x_i ，对应的目标回波延时为 t_i 。假设介质是均匀的，因此波速是常数，根据三角形勾股定理，具有以下等式：

$$(z_i)^2-(x-x_0)^2=(z_0)^2 \tag{4-1}$$

式中， $z_0=v\times t_0/2$ ， $z_i=v\times t_i/2$ ，把 z_0 与 z_i 代入方程（4-1）中得到：

$$\frac{t^2}{(t_0)^2}-\frac{(x-x_0)^2}{(v\cdot t_0/2)^2}=1 \tag{4-2}$$

由式（4-2）的方程形式可以看出，当目标为点目标且雷达紧贴地面工作时，方程形式和双曲线的特征一致。

当目标半径不能被忽略时，则电磁波传播路径会随之变化。如图4-2所示。

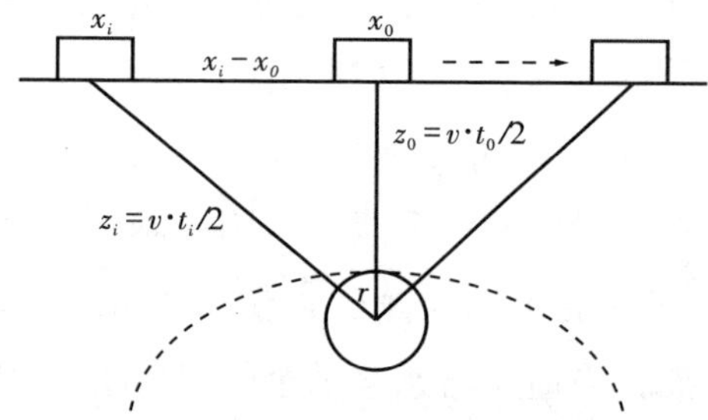

图4-2　地质雷达圆目标曲线形成原理图

电磁波在目标表面处反射回到收到天线，根据三角形勾股定理，则有以下等式：

$$(z_i+r)^2-(x-x_0)^2=(z_0+r)^2 \tag{4-3}$$

式中， $z_0=v\times t_0/2$ ， $z_0=v\times t_i/2$ ，把 z_0 与 z_i 代入方程（4-3）中得到：

$$\frac{(t+2r/v)^2}{(t_0+2r/v)^2}-\frac{(x-x_0)^2}{(v\cdot t_0/2+r)^2}=1 \tag{4-4}$$

由式（4-4）的方程形式可以看出，当目标为点目标且雷达紧贴地面工作

时，方程形式和双曲线的特征一致。

由于式（4–2）和式（4–4）的长轴和短轴分别为：

$$
\begin{aligned}
a_1 &= t_0 \\
b_1 &= vt_0/2 \\
a_2 &= t_0 + 2r/v \\
b_2 &= r + vt_0/2
\end{aligned}
\tag{4–5}
$$

因此根据双曲线的斜率公式可以得出地质雷达成像双曲线斜率为：

$$l = \frac{b_1}{a_1} = \frac{b_2}{a_2} = \frac{v}{2} \tag{4–6}$$

从式（4–6）可以看出，双曲线的斜率直接取决于地质雷达在地表的移动速度，移动速度越大，曲线斜率越大，曲线张开度越小；反之，地质雷达移动速度越小，曲线斜率越小，特征曲线张开度就越大。

4.2 主要影响参数分析

4.2.1 背景介质介电参数的影响研究

介质背景是指地质雷达探测过程中的整体地质环境，本书中假设介质背景的介电特性均匀连续，各向同性。很明显，在地质雷达的使用过程中需要面对较多环境因素影响下的地质背景，诸如干燥黄土、压实黄土、湿润黄土以及含沙黄土等。而不同状态下的黄土介电特性存在较大的差异，根据以上特点，本节建立不同的地质背景模型，以研究不同地质背景，即不同介电参数影响下的目标体成像特征与形态分析，同时希望通过不同的频谱特征进行进一步的甄别与特征描述。

根据不同地质背景的特点，主要是不同的含水状态下的地质背景，因此主要在于相对介电常数的逐渐增大与电导率的逐渐增大，在这样的规律下，可以建立如下介电模型的方案，如表4–1所示。

表4–1 地质背景对目标体的成像影响研究方案

	相对介电常数	电导率/(S/m)	目标体半径/m
方案一	5	0.000001	0.1
方案二	10	0.0001	0.1
方案三	15	0.01	0.1
方案四	20	0.1	0.1

具体的地质模型如图4–3所示。

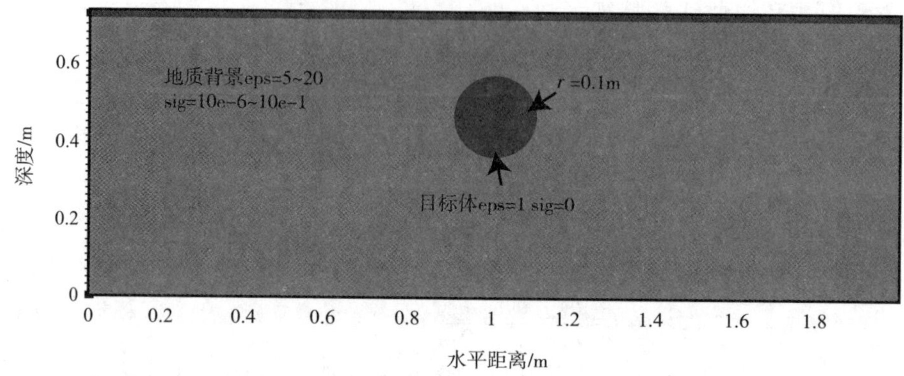

图4-3　不同地质背景的影响分析模型

如图4-3所示，在不同的地质背景方案下，设置目标体半径为0.1m，填充体为空气的圆形，主要命令如下：

```
#domain:  2.0 0.7150
#dx_dy:  0.0025 0.0025
#time_window:  20e-9
#box:  0.0 0.0 2.0 0.7 losse
#cylinder:  1.0 0.45 0.1 free_space
#line_source:  1.0 900e6 ricker MyLineSource
#analysis:  180 k3.out b
#tx:  0.0875 0.7000 MyLineSource 0.0 20e-9
#rx:  0.1125 0.7000
#tx_steps:  0.01 0.0
#rx_steps:  0.01 0.0
```

本模型的水平距离为2.0m，探测深度为0.7m，单元格大小为0.0025m×0.0025m，时间测深为20ns，目标体半径为0.1m，相对介电常数为1，电导率为0S/m，埋深为20cm；子波主频设置为900MHz，激励源为Ricker子波，通过180道计算步，每个计算步为3392次，最终的计算结果以及成像特征如下。

图4-4是在不同的地质背景方案下的成像对比图，主要考虑在黄土层中的含水率逐渐增加的情形下，地质雷达对目标体整体成像的变化趋势。因此整体对比可以得出如下结论：首先，随着地质背景相对介电常数以及电导率的增大，成像的双曲线图像体现出了由复杂变为简单、由多层次密集反射曲线变为较为简单的双曲线特征；其次，成像双曲线的反射顶端的深度也体现出依次增加的趋势，这点主要由电磁波速与相对介电常数的关系决定；而最为关键的在于双曲线的特征

体现出了张开弧度减小的趋势，也就是其渐近线斜率逐渐增大的趋势。

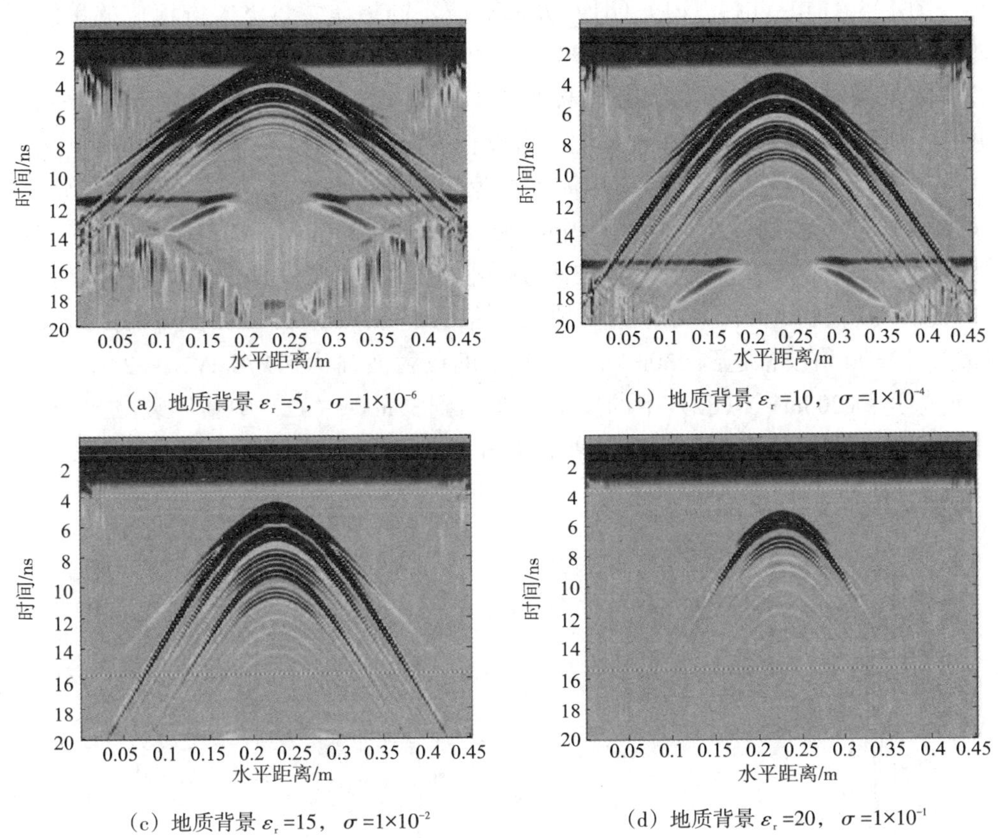

（a）地质背景 ε_r=5，σ=1×10^{-6}

（b）地质背景 ε_r=10，σ=1×10^{-4}

（c）地质背景 ε_r=15，σ=1×10^{-2}

（d）地质背景 ε_r=20，σ=1×10^{-1}

图4-4　不同地质背景情形下的成像特征分析

图4-4（a）中成像特征剧烈，目标体表层反射曲线明显，同时电磁波穿透目标体在目标体下沿与地质背景的反射曲线在第5ns清晰可见，该模型在成像图中的终止点在12ns处，而在此基础上，6～8ns也同时形成了一道多次波的特征。图4-4（b）中成像特征清晰，目标体表层反射曲线明显，目标体下沿的反射曲线在第5.6ns可见，该模型在成像图中的终止点在16ns处，而在此基础上，7～12ns也同时形成了约两次多次波的特征。图4-4（c）中成像特征明显，目标体表层反射曲线明显，目标体下沿的反射曲线在第6.3ns可见，该模型在成像图中的终止点在20ns处，8～16ns形成了约三次多次波的成像特征。图4-4（d）中成像特征清晰，目标体表层反射曲线最为清楚，目标体下沿的反射曲线在第7ns可见，该模型在成像图中的终止点在20ns以外处，8～14ns形成了约两次多次波的特征，而该成像中的多次波明显减弱，这些对于目标体位置判断的干扰

明显降低。

图4-5（a1）（b1）（c1）（d1）分别对应不同地质背景下关键道位的单波列曲线，取中间道数第90道以及第80道作为对比，同时根据对称性原则，第80道波列图也可作为第100道波列图。图4-5（a2）（b2）（c2）（d2）则是经过去除子波特征所形成的波列图，在这些图中可以较为明显地观察不同道数的成像差异。

根据其成像位置，第90道单波列的反射位置要优先于第80道单波列显示。仅从第90道单波列分析，（a2）中的反射波幅达到230mV，（b2）中的反射波幅达到320mV，（c2）中的反射波幅达到310mV，（d2）中的反射波幅达到104mV，波幅值越大，反射能量越大，信号越强烈。从第80道单波列分析，（a2）中的反射波幅达到230mV，（b2）中的反射波幅达到270mV，（c2）中的反射波幅达到203mV，（d2）中的反射波幅达到37mV。（a2）中整体衰减比较小，波列图的反射幅值变化不大，随着相对介电常数与电导率的增加，两个波列图的反射幅值差异逐渐增加。

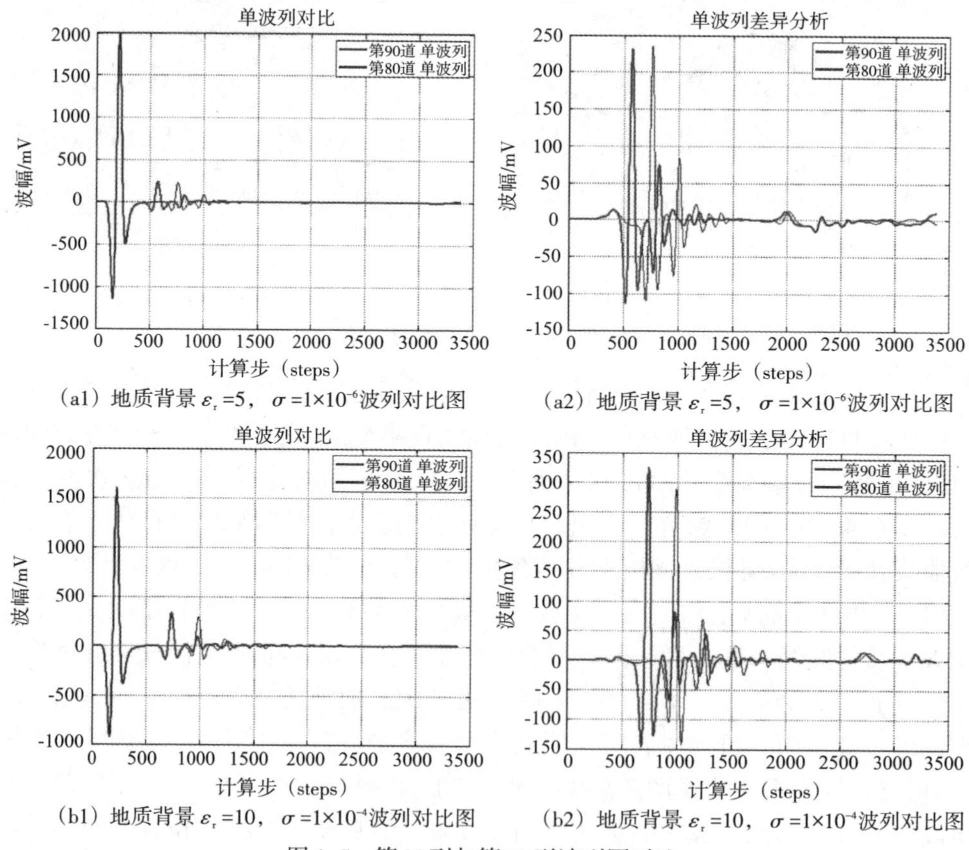

（a1）地质背景 $\varepsilon_r=5$，$\sigma=1\times10^{-6}$波列对比图

（a2）地质背景 $\varepsilon_r=5$，$\sigma=1\times10^{-6}$波列对比图

（b1）地质背景 $\varepsilon_r=10$，$\sigma=1\times10^{-4}$波列对比图

（b2）地质背景 $\varepsilon_r=10$，$\sigma=1\times10^{-4}$波列对比图

图4-5　第80列与第90列波列图对比

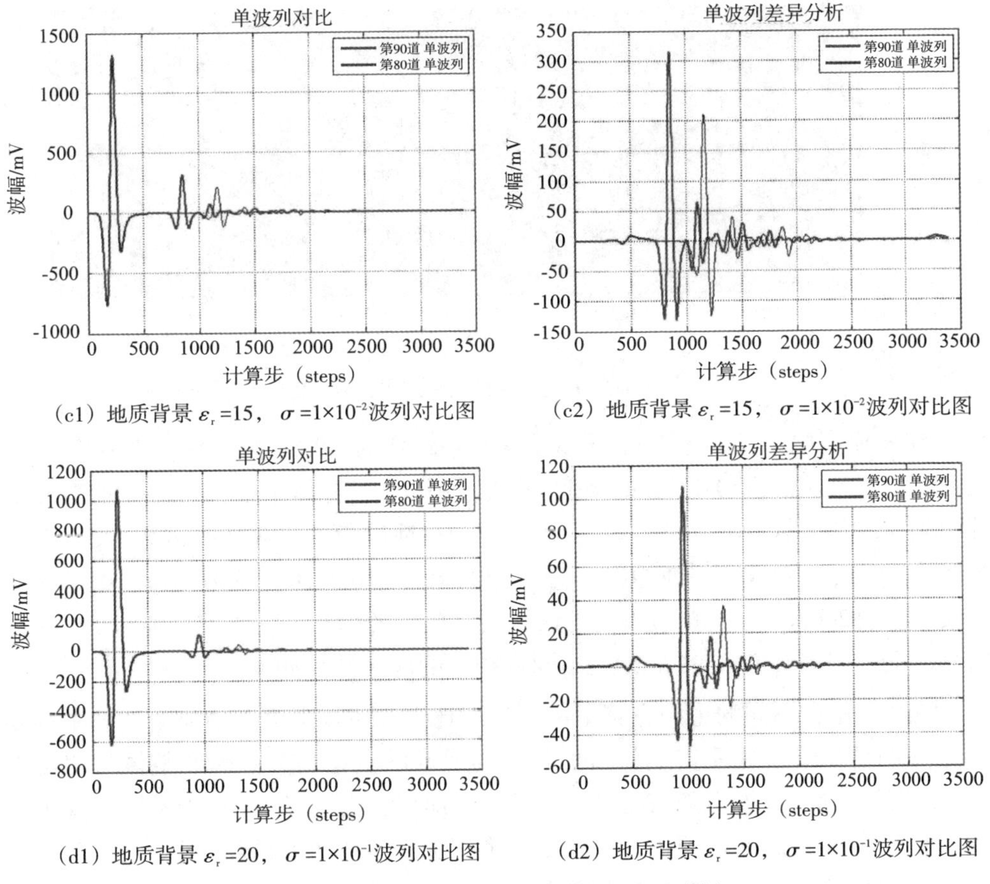

（c1）地质背景 ε_r=15，σ=1×10^{-2}波列对比图

（c2）地质背景 ε_r=15，σ=1×10^{-2}波列对比图

（d1）地质背景 ε_r=20，σ=1×10^{-1}波列对比图

（d2）地质背景 ε_r=20，σ=1×10^{-1}波列对比图

图4-5　第80列与第90列波列图对比（续）

根据以上的分析，随着相对介电常数与电导率在可有利探测范围的增加，探测体更加容易成像并易于识别目标体特征及位置。

4.2.2　地质雷达波主频影响研究

地质雷达主频是指地质雷达的主要子波频率，不同的子波频率对探测结果具有较大的影响，尤其是在探测深度的能力上，根据一般规律，随着地质雷达主频增加，探测深度降低，同时探测的精度提升。地质雷达的工业产品如GSSI公司的SIR系列雷达的主频分别为：50MHz、75MHz、100MHz、200MHz、400MHz、900MHz、2GHz，因而不同主频的地质雷达天线具有不同的探测功能。

本节针对不同的地质雷达主频对于相对地质模型的探测成像对比，建立如图4-6所示的地电模型。

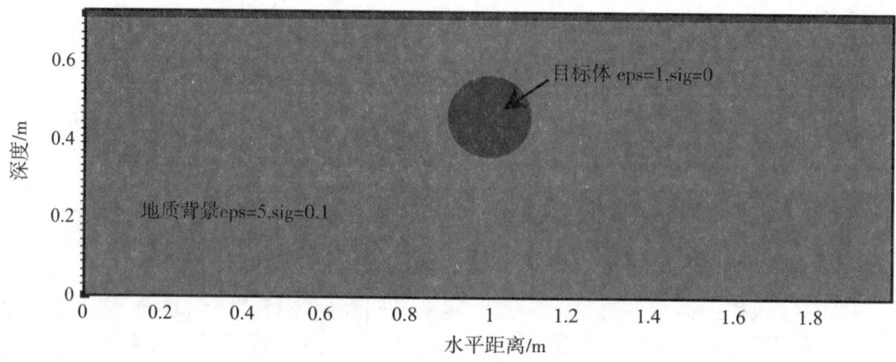

图4-6　地质雷达主频影响分析的地电模型

在该模型中，基本参数如下：模型水平距离为2.0m，探测深度为0.7m，单元格大小为0.0025m×0.0025m，时间测深为20ns，目标体半径为0.1m，相对介电常数为1，电导率为0S/m，埋设深度为20cm；地质背景相对介电常数为5，电导率为0.1S/m。设置子波主频为：75MHz、100MHz、200MHz、400MHz、900MHz、1200MHz、1600MHz、2000MHz，激励源为Ricker子波，通过180道计算步，每个计算步为3392次，在不同主频下的成像特征如下。

图4-7是在不同的主频方案下的成像对比图，主要考虑在地质雷达波主频逐渐增加的情形下，地质雷达对目标体整体成像的变化趋势。因此整体对比可以得出如下结论：首先，随着地质雷达主频的增大，成像的双曲线图像体现出了由模糊逐渐变为清晰可识别；其次，成像双曲线的反射顶端的深度也体现出依次减小的趋势，这点主要由电磁波速与地质雷达频率以及其子波特性的关系决定；再次，目标体上、下反射层的反射曲线特征具有较为明显的变化趋势，随着频率越高，双层反射的双曲线越发明显。

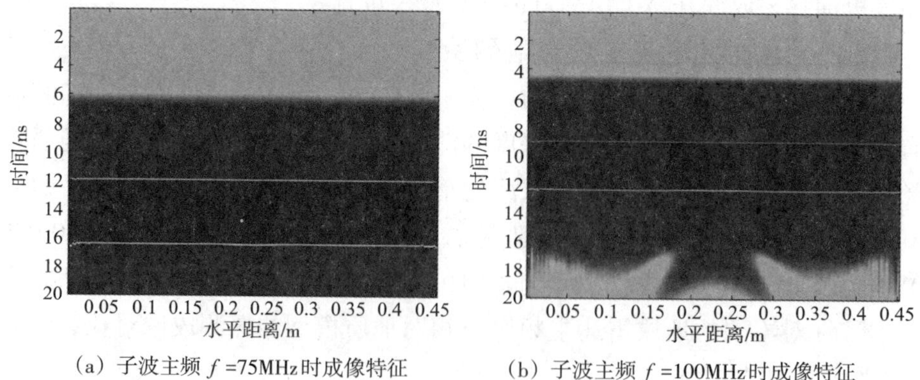

(a) 子波主频 f =75MHz时成像特征　　(b) 子波主频 f =100MHz时成像特征

图4-7　地质雷达主频影响分析的成像结果

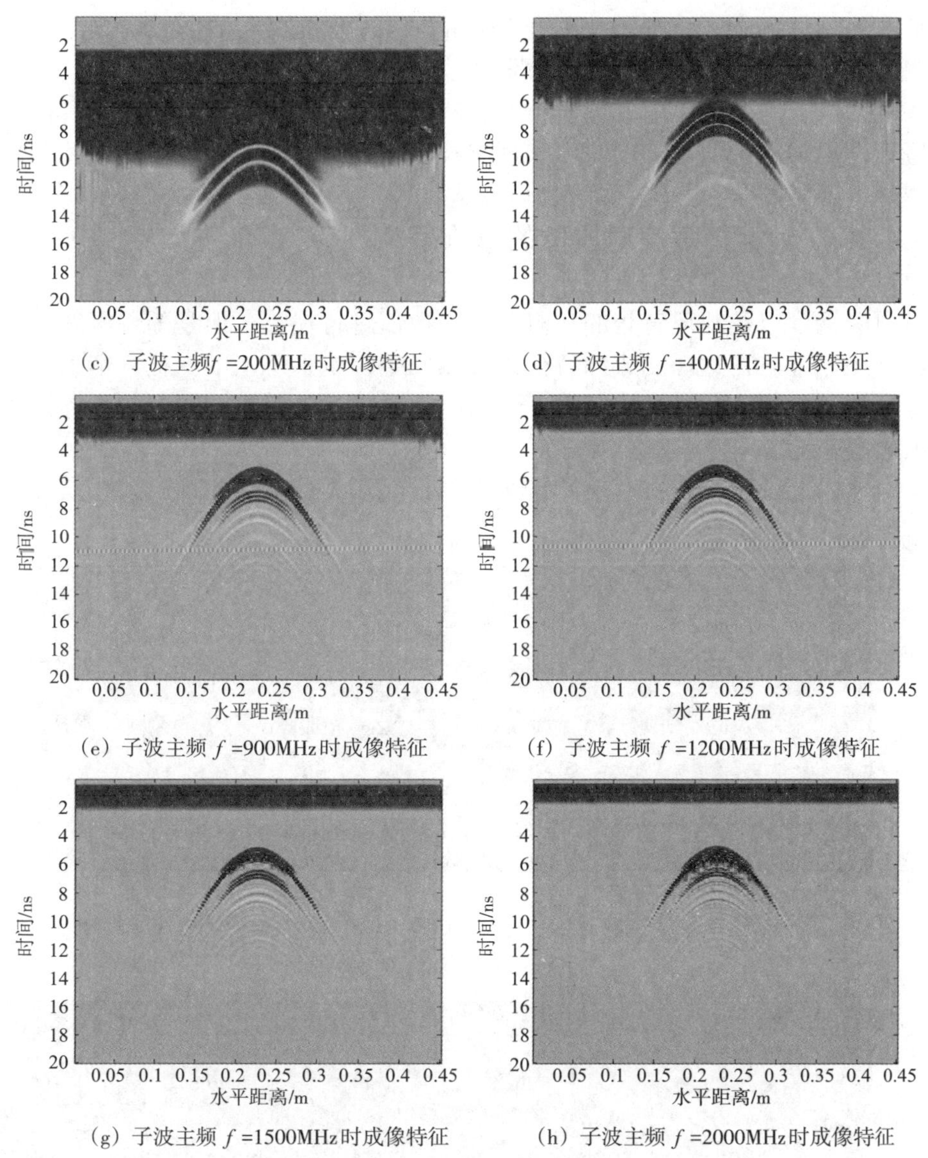

（c）子波主频f =200MHz时成像特征　　（d）子波主频 f =400MHz时成像特征

（e）子波主频 f =900MHz时成像特征　　（f）子波主频 f =1200MHz时成像特征

（g）子波主频 f =1500MHz时成像特征　　（h）子波主频 f =2000MHz时成像特征

图4-7　地质雷达主频影响分析的成像结果（续）

图4-7（a）中成像特征为子波特征波形，无明显目标体信息；图4-7（b）在第16ns处开始出现目标体成像特征；图4-7（c）在第9ns处开始出现目标体成像特征，目标体表层反射单个双曲线明显；图4-7（d）在第6ns处开始出现目标体成像特征，目标体表层反射单个双曲线明显，且在10～14ns处形成约两次多次波的成像特征，而该成像中的多次波明显较弱，这些对于目标体位置判断的干扰明显降低；图4-7（e）（f）（g）（h）均是在第5ns处开始出现目标体成像

特征，目标体的上、下界面反射层分别位于5ns及6ns处，且在8～14ns处形成约两次多次波的成像特征也逐渐减弱。

根据以上的分析，随着地质雷达子波频率的增加，地质雷达对于目标体的位置识别更加准确明显，同时由于现实技术中的一些困难，子波主频并不是越大越好，需要根据现场具体情况加以甄选。

4.2.3 目标体深度对成像的影响研究

目标体的深度位置信息同样具有较为重要的意义，目标体的深度一般可以通过时间深度以及地质背景的相对介电常数值进行换算，但是随着深度的增加或者减小，地质雷达探测成像特征也必然发生一些形态上的变化，本书试图对成像形态的具体变化进一步分析，以研究地质雷达针对不同深度的目标体的探测灵敏度差异。

根据以上设想，本书对地质雷达探测不同深度目标体的地质模型设计如图4-8所示。

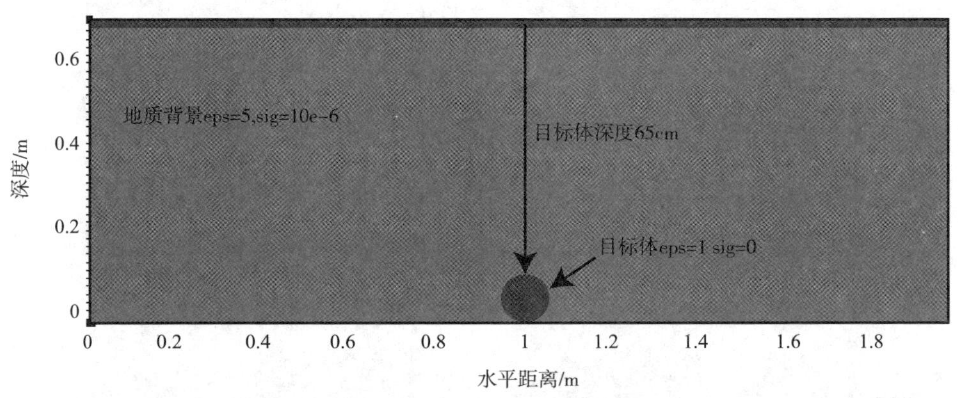

（a）目标体深度 h =0.65m的地电模型

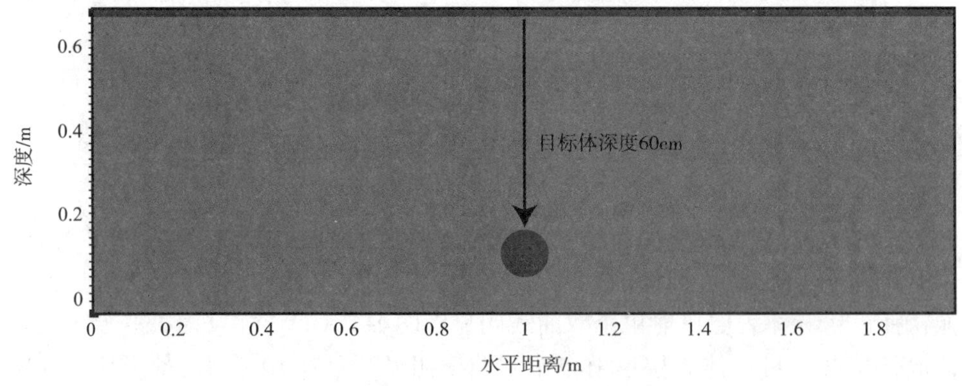

（b）目标体深度 h =0.60m的地电模型

图4-8　目标体不同深度地电模型

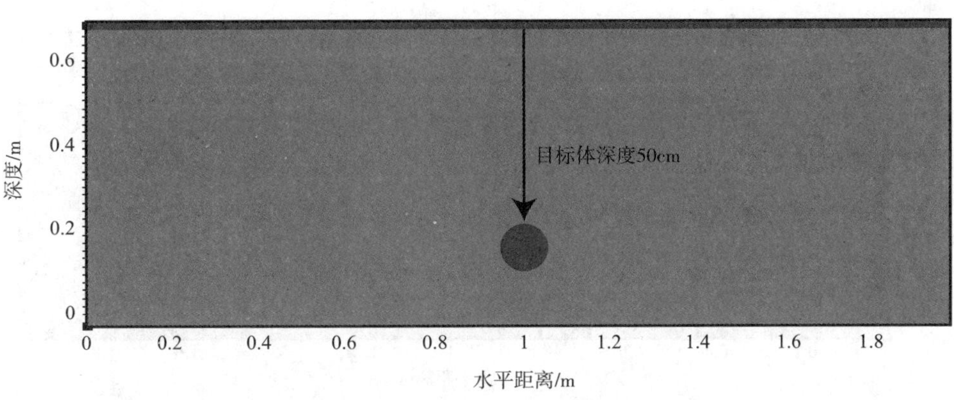

（c）目标体深度 h =0.50m 的地电模型

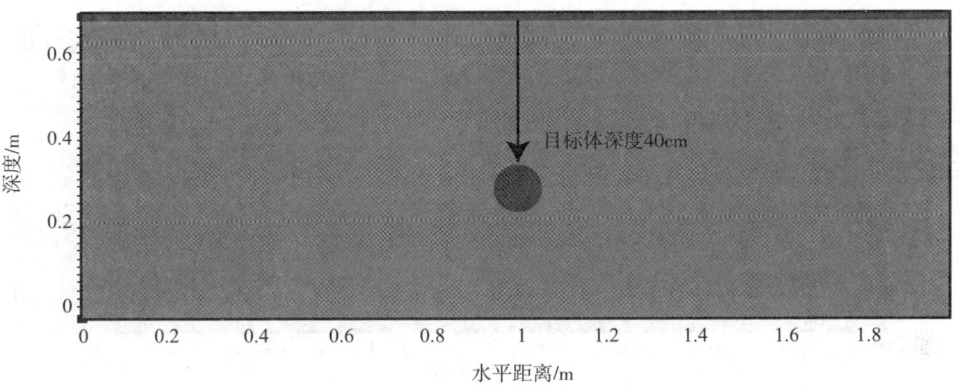

（d）目标体深度 h =0.40m 的地电模型

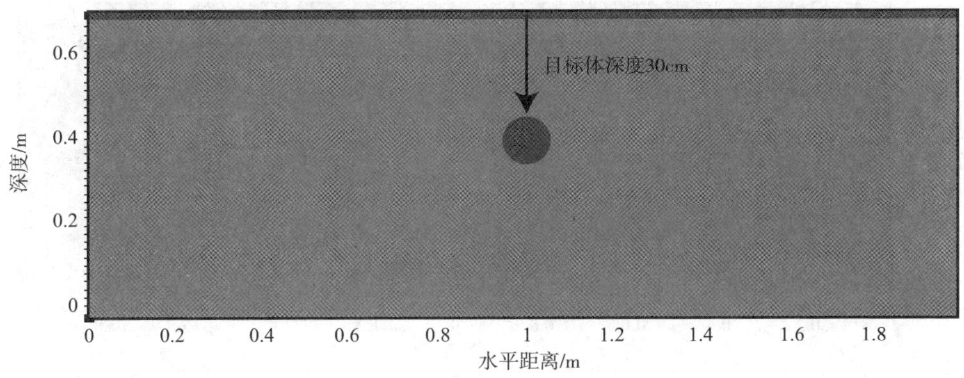

（e）目标体深度 h =0.30m 的地电模型

图4-8 目标体不同深度地电模型（续）

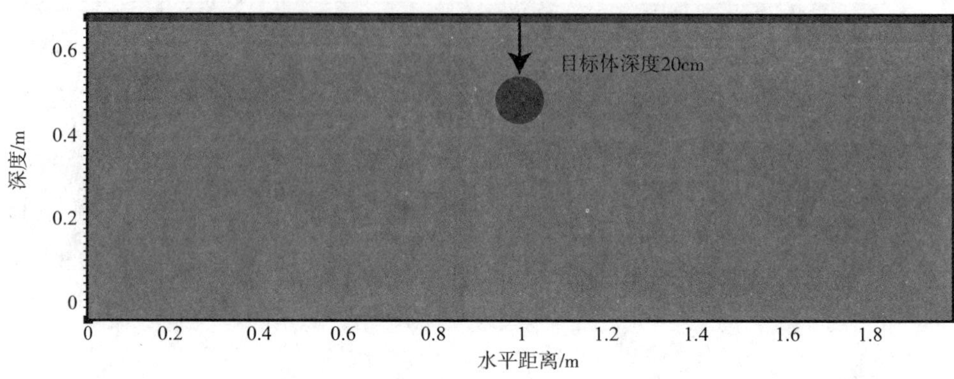

（f）目标体深度 h =0.20m 的地电模型

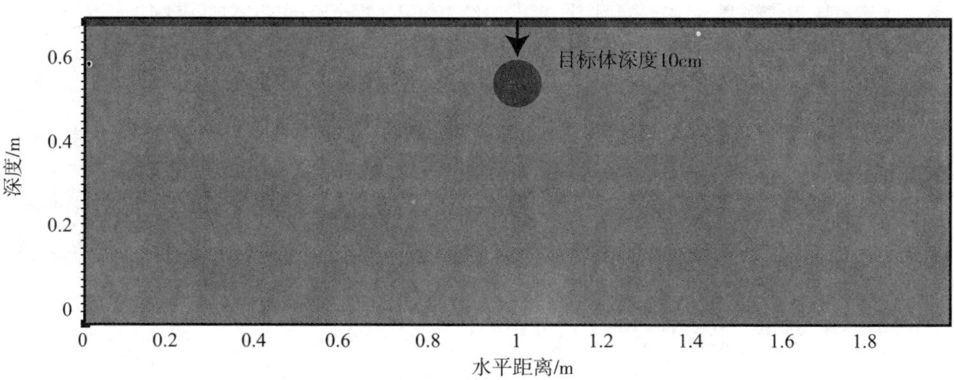

（g）目标体深度 h =0.10m 的地电模型

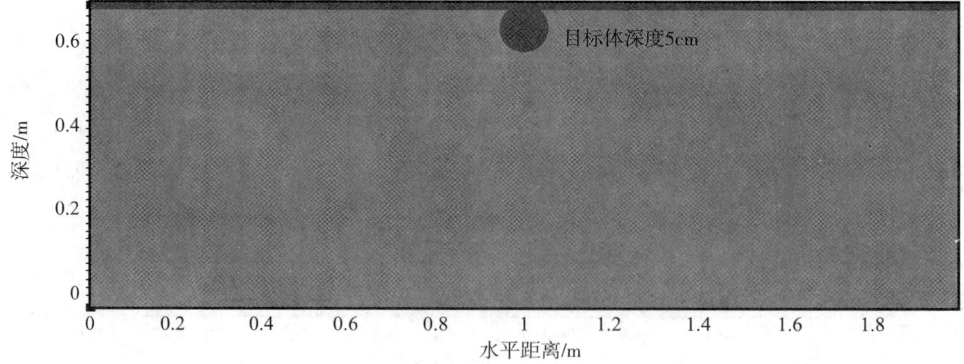

（h）目标体深度 h =0.05m 的地电模型

图4-8　目标体不同深度地电模型（续）

在该模型中，基本参数如下：模型水平距离为2.0m，探测深度为0.7m，单元格大小为0.0025m×0.0025m，时间测深为20ns，目标体半径为0.05m，相对介电常数为1，电导率为0S/m，埋设深度为0～65cm；地质背景相对介电常数为5，电导率为0.000001S/m。设置子波主频为900MHz，激励源为Ricker子波，通过180道计算步，每个计算步为3392次，成像特征如下。

图4-9是在不同的目标体深度方案下的成像对比图，主要考虑目标体深度逐渐变化的情形下，地质雷达对目标体整体成像的变化趋势。因此，整体对比可以得出如下结论：首先，随着目标体深度的减小，成像的双曲线图像的反射强度变化不大，说明在衰减较小的情形下，等同地质背景以及相同目标体的位置因素影响较小，同时多次波的形态也具有较高的相似性；其次，双曲线的特征体现出了张开弧度减小的趋势，也就是其渐近线斜率逐渐增大的趋势。

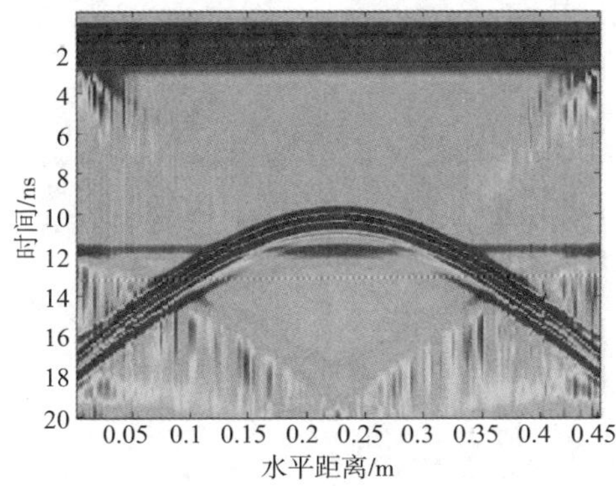

（a）目标体深度 h =0.65m的成像特征

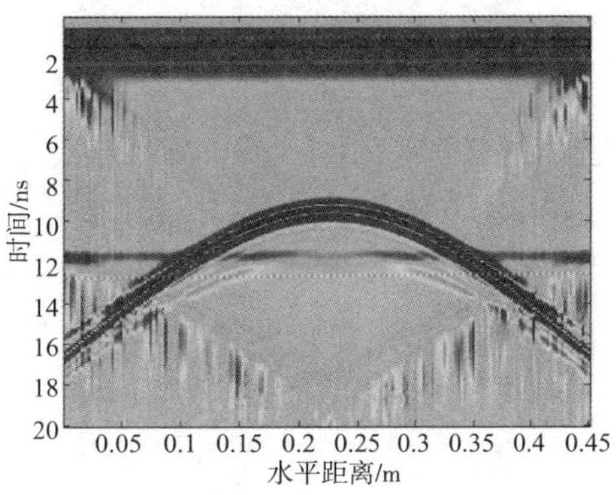

（b）目标体深度 h =0.60m的成像特征

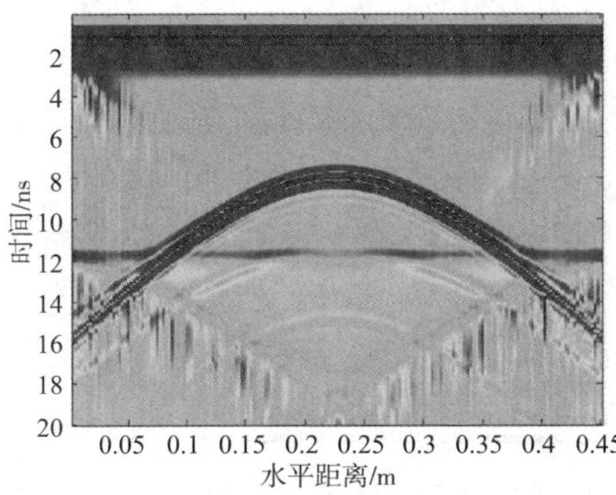

（c）目标体深度 h =0.50m的成像特征

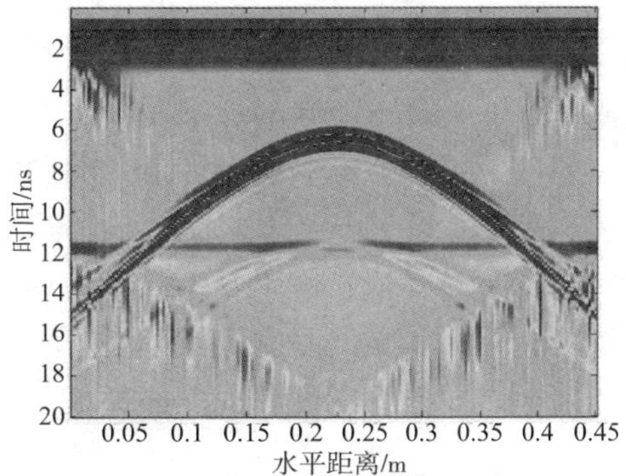

（d）目标体深度 h =0.40m的成像特征

图4-9　不同深度目标体成像特征分析

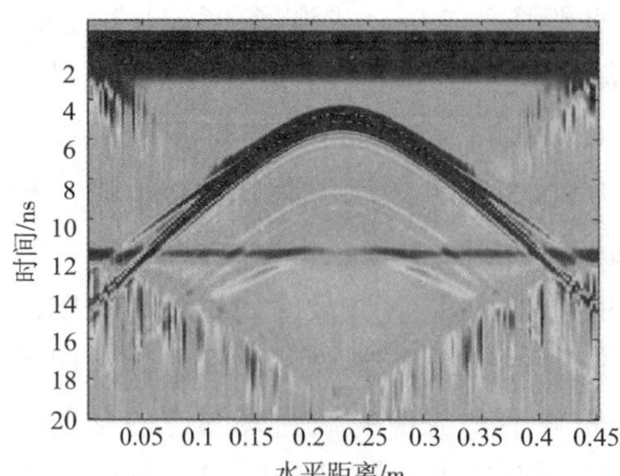

（e）目标体深度 h =0.30m的成像特征

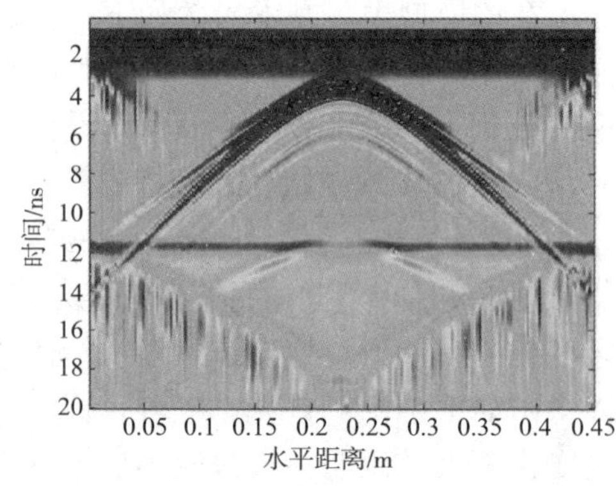

（f）目标体深度 h =0.20m的成像特征

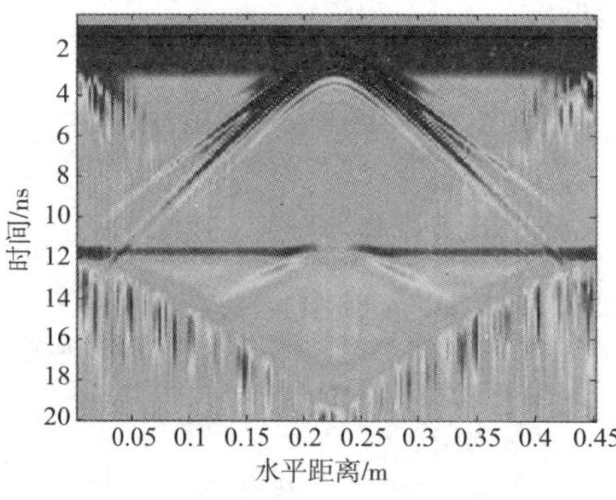

（g）目标体深度 h =0.10m的成像特征

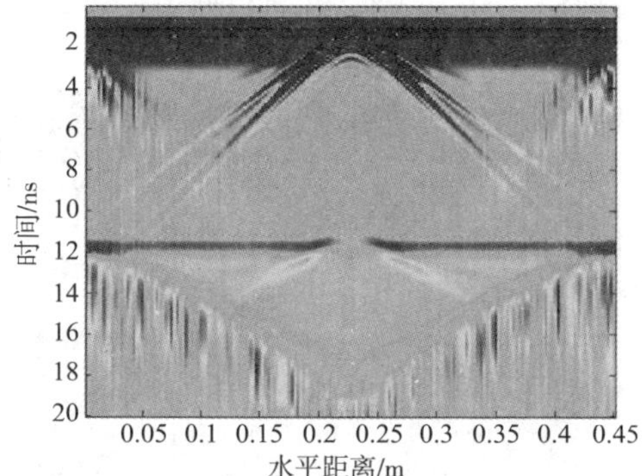

（h）目标体深度 h =0.05m的成像特征

图4-9　不同深度目标体成像特征分析（续）

图4-9（a）中成像特征为子波特征波形，无明显目标体信息；图4-9（b）在第16ns处开始出现目标体成像特征；图4-9（c）在第9ns处开始出现目标体成像特征，目标体表层反射单个双曲线明显；图4-9（d）在第6ns处开始出现目标体成像特征，目标体表层反射单个双曲线明显，且在10～14ns处形成约两次多次波的成像特征，而该成像中的多次波明显较弱，这些对于目标体位置判断的干扰明显降低；图4-9（e）（f）（g）（h）均是在第5ns处开始出现目标体成像特征，目标体的上、下界面反射层分别位于5ns及6ns处，且在8～14ns处形成约两次多次波的成像特征也逐渐减弱。

4.3　典型几何形状的目标体成像特征数值研究

本节主要研究不同几何形状的目标体成像特征，而根据圆形、矩形的尺寸大小又会形成各自的成像规律，因此研究不同尺寸情形下的几何特征成像具有较为现实的意义。

4.3.1　圆形目标体成像特征

根据圆形的几何模型特征，本节主要研究不同半径下圆形目标体的成像特征以及差异分析，同时根据波形及波幅对成像结果进行进一步的频谱分析，以研究不同半径圆形目标体的成像根本机理。

本节对圆形目标体的模型设计如下，地质背景为黄土，设计圆形目标体的半径分别为0.005m、0.025m、0.05m、0.1m。地质模型如图4-10所示。

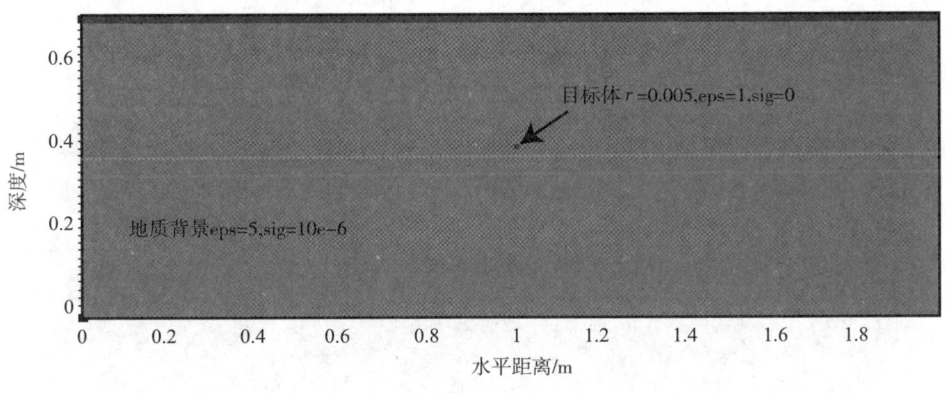

（a）圆形半径 r =0.005m的地电模型

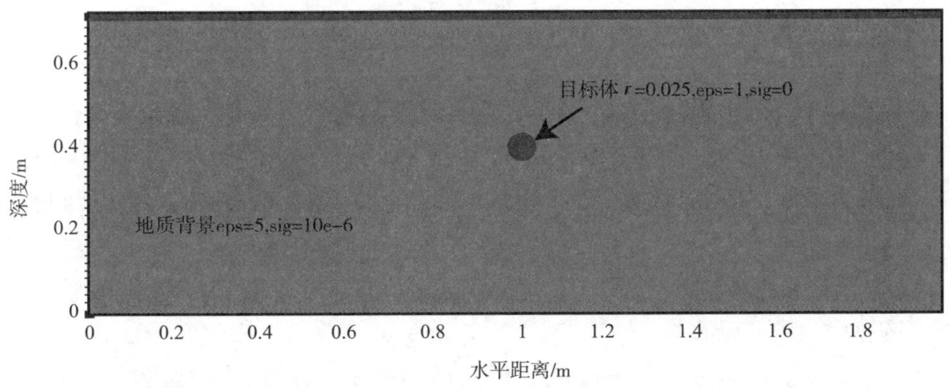

（b）圆形半径 r =0.025m的地电模型

图4-10　不同半径圆形目标体成像特征分析的介电模型

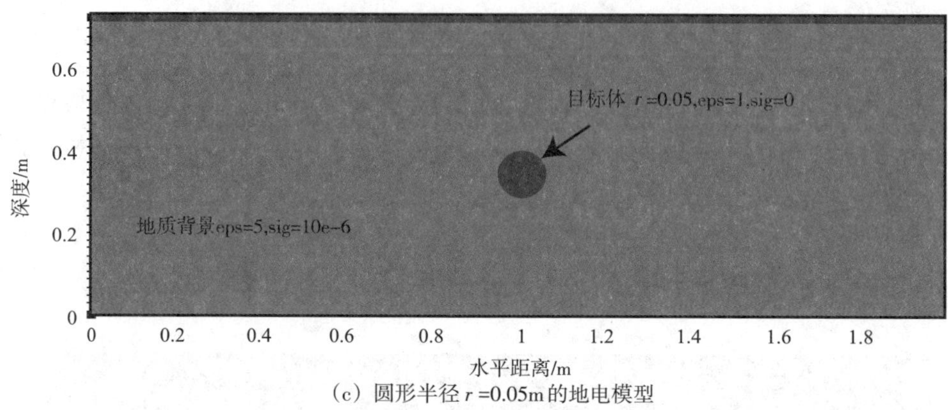

（c）圆形半径 r =0.05m的地电模型

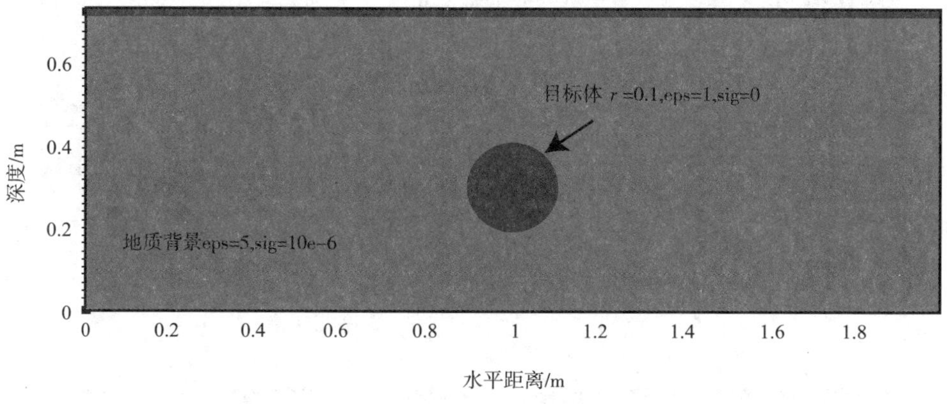

（d）圆形半径 r =0.1m的地电模型

图4-10　不同半径圆形目标体成像特征分析的介电模型（续）

模型水平距离为2.0m，探测深度为0.7m，单元格大小为0.0025m×0.0025m，时间测深为20ns，目标体相对介电常数为1，电导率为0S/m，埋设深度为30cm；地质背景相对介电常数为5，电导率为0.000001S/m。设置子波主频为900MHz，激励源为Ricker子波，通过180道计算步，每个计算步为3392次，其成像特征如图4-11所示。

图4-11是相同的深度下不同的圆形半径的成像对比图，主要考虑目标体半径逐渐增大的情形下，地质雷达对目标体整体成像的变化趋势。通过整体比较可得出如下特征：首先，约在5ns处出现反射体，由（a）~（d）的图像特征逐渐明显，很显然，几何尺寸越大的目标体越容易被探测到，其原因就在于成像特征明显；其次，（a）图中只有轻微的反射曲线，并无形状因素影响的特征，

而在（d）图中明显有依次排列的双曲线，弧顶在5ns处反射应为圆形目标体上沿，而6.5ns反射应为目标体下沿，整体成像反射曲线，是比较理想的双曲线特征，符合圆形目标体的表面反射特征。

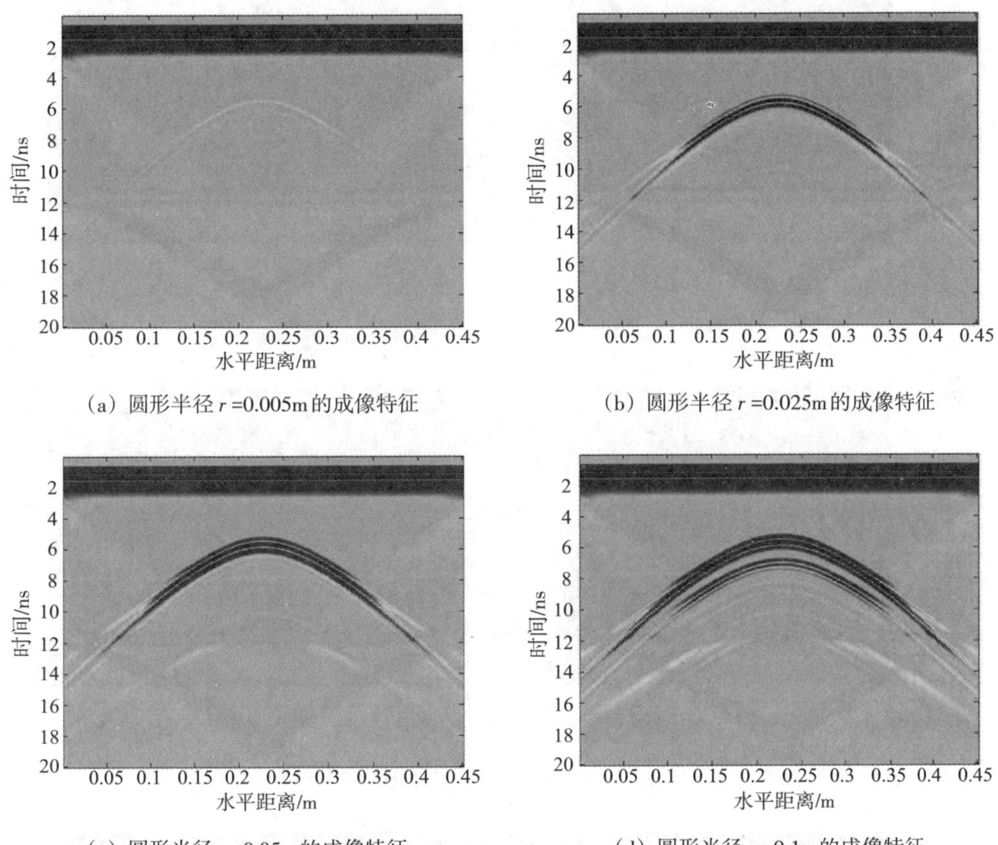

（a）圆形半径 r =0.005m的成像特征　（b）圆形半径 r =0.025m的成像特征

（c）圆形半径 r =0.05m的成像特征　（d）圆形半径 r =0.1m的成像特征

图4-11　不同半径圆形目标体成像特征分析

根据以上的分析，随着圆形目标体的几何尺寸增加，地质雷达对于目标体的位置识别更加准确明显，而根据双曲线的成像特征也可以识别出表面连续的圆形目标体。

4.3.2 矩形目标体成像特征

根据矩形的几何模型特征，本节主要研究不同边长下矩形目标体的成像特征以及差异分析，同时根据波形及波幅对成像结果进行进一步的频谱分析，以研究不同边长矩形目标体的成像根本机理。

本节对矩形目标体的模型设计如图4-12所示，地质背景为黄土，设计矩形目标体的边长分别为0.01m、0.02m、0.1m、0.2m。

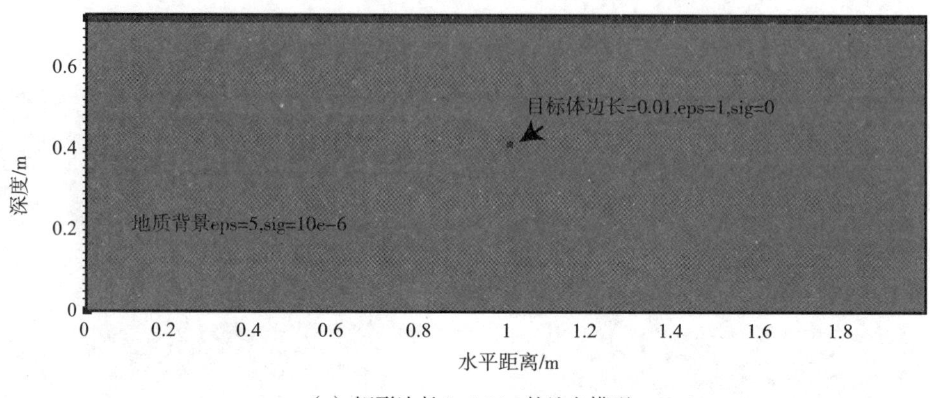

(a) 矩形边长 l =0.01m 的地电模型

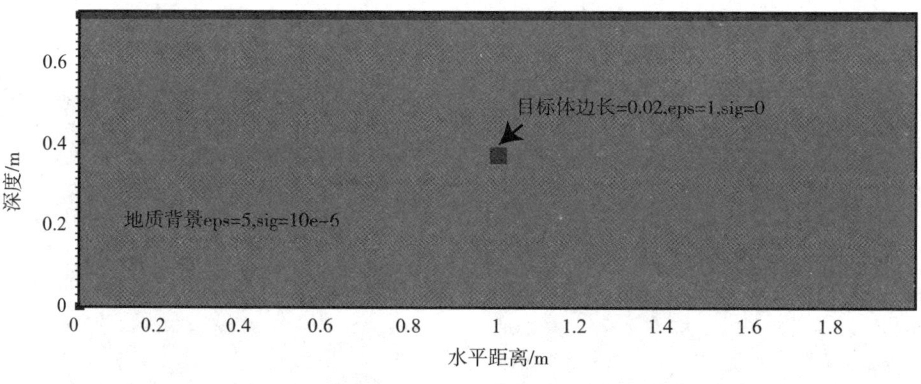

(b) 矩形边长 l =0.02m 的地电模型

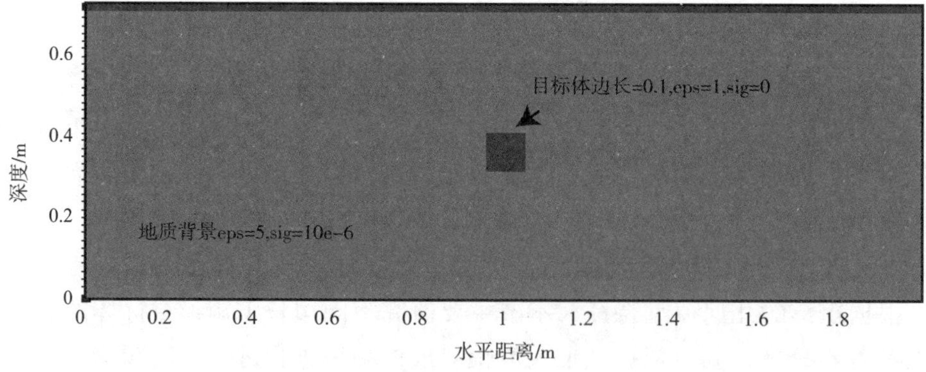

(c) 矩形边长 l =0.1m 的地电模型

图4-12　不同边长矩形目标体成像特征分析的介电模型

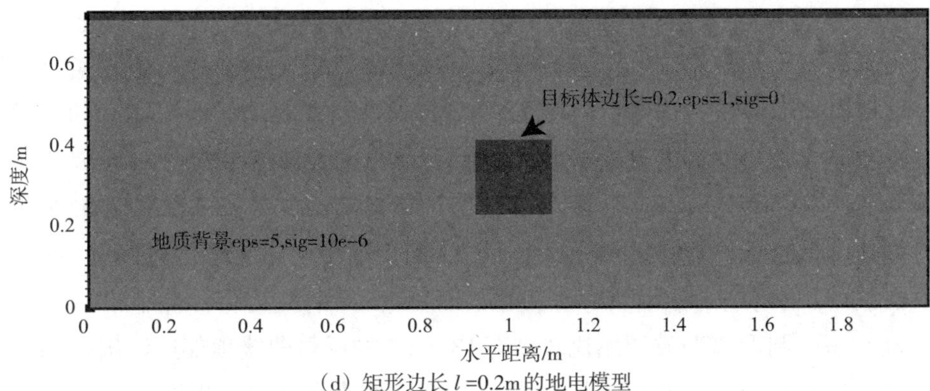

（d）矩形边长 l =0.2m的地电模型

图4-12 不同边长矩形目标体成像特征分析的介电模型（续）

模型水平距离为2.0m，探测深度为0.7m，单元格大小为0.0025m×0.0025m，时间测深为20ns，目标体相对介电常数为1，电导率为0S/m，埋设深度为30cm；地质背景相对介电常数为5，电导率为0.000001S/m。设置子波主频为900MHz，激励源为Ricker子波，通过180道计算步，每个计算步为3392次，其成像特征如图4-13所示。

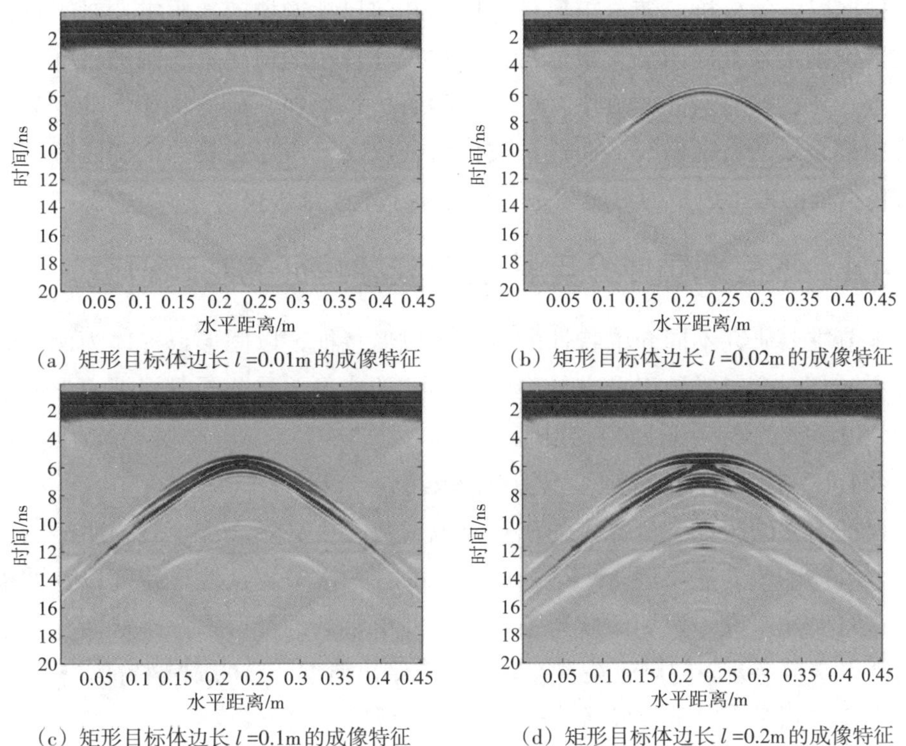

（a）矩形目标体边长 l =0.01m的成像特征　（b）矩形目标体边长 l =0.02m的成像特征

（c）矩形目标体边长 l =0.1m的成像特征　（d）矩形目标体边长 l =0.2m的成像特征

图4-13 矩形目标体成像特征分析

图4-13是相同深度下不同矩形边长的矩形目标体成像对比图，主要考虑矩形边长逐渐增大的情形下，地质雷达对目标体整体成像的变化趋势。通过整体比较可得出如下特征：首先，约在5ns处出现反射体，由（a）~（d）的图像特征逐渐明显，很显然，矩形边长越大的目标体越容易被探测到，其原因就在于成像特征明显；其次，（a）图中只有轻微的反射曲线，并无形状因素影响的特征，这与圆形目标体成像差异不大，而在（d）图中明显有依次排列的双曲线，弧顶在5ns处反射应为圆形目标体上沿，而6.5ns反射应为目标体下沿，但是与半径为0.1m的圆形模型成像相比较，4-13（d）的反射曲线顶部逐渐出现水平特征，这段区域属于电磁波在矩形顶端边长部位的水平探测反射图，这也是矩形与圆形成像特征的最大差异，因此矩形目标体在尺寸较小的情况下与圆形目标体的成像基本一致，均为双曲线成像特征，而随着边长增加，成像特征逐渐变为两端曲线中部直线的特征曲线，而这种成像特征取决于矩形边长的精确区分，根据4.2.3节的研究可知，出现该成像特征的最小边长为对应频率天线的最小水平分辨率。

根据以上的分析，随着矩形目标体的几何尺寸增加，地质雷达对于目标体的位置识别更加准确明显；矩形目标体在尺寸较小的情况下与圆形目标体的成像基本一致，均为双曲线成像特征，而随着边长增加，成像特征逐渐变为两端曲线中部直线的特征曲线，而这种成像特征取决于矩形边长的精确区分，出现该成像特征的最小边长为对应频率天线的最小水平分辨率。

4.4 不良地质体介电特性对成像特征的影响研究

本节主要研究不同介电特性的目标体成像特征，以圆形目标体为例，分别研究不同相对介电常数以及电导率的目标体的成像差异，同时根据波形特征对不同介电参数的影响规律进行分析。

4.4.1 相对介电常数变化的成像特征分析

根据上文的研究，目标体的相对介电常数改变必然会产生较为明显的图像改变，具体的改变需要进行一系列的量化研究，本节拟从波形特征以及波幅的角度进行对比研究。以期望获得不同相对介电常数的反射图像，从而根据不同相对介电常数与介质的对应关系，即可以总结出典型介质的成像特征。

本节对相对介电常数成像特征研究的模型设计如图4-14所示，地质背景为黄土，设计圆形目标体的半径为0.05m。

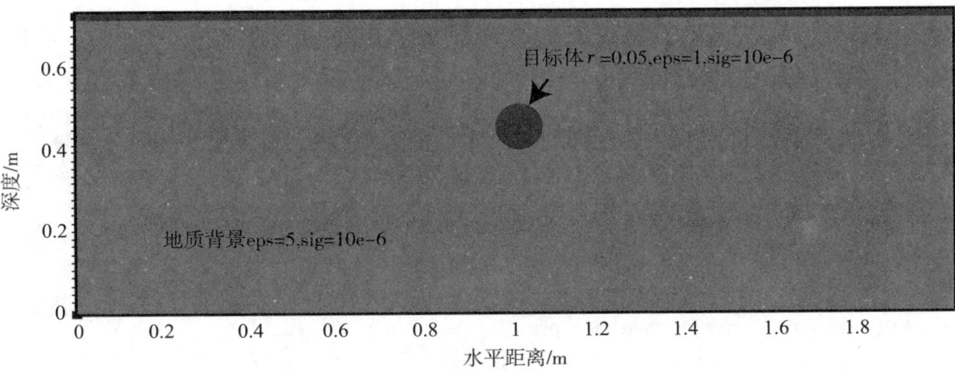

(a) 圆形不良地质体相对介电常数 ε_r =1 的地电模型

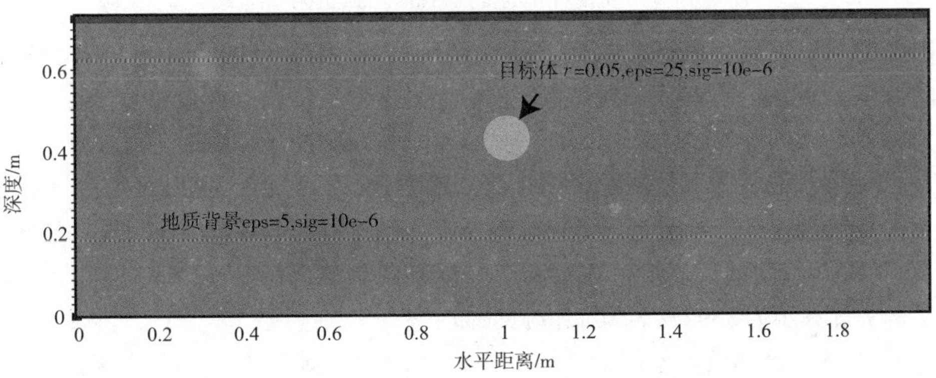

(b) 圆形不良地质体相对介电常数 ε_r =25 的地电模型

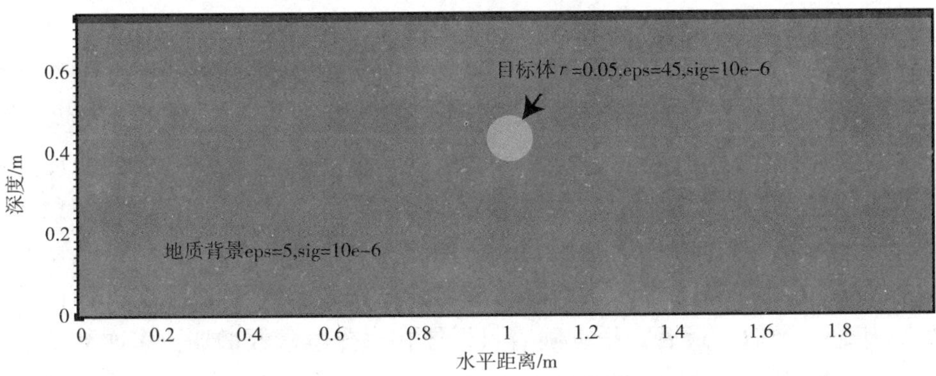

(c) 圆形不良地质体相对介电常数 ε_r =45 的地电模型

图 4-14 不同相对介电常数目标体的地电模型

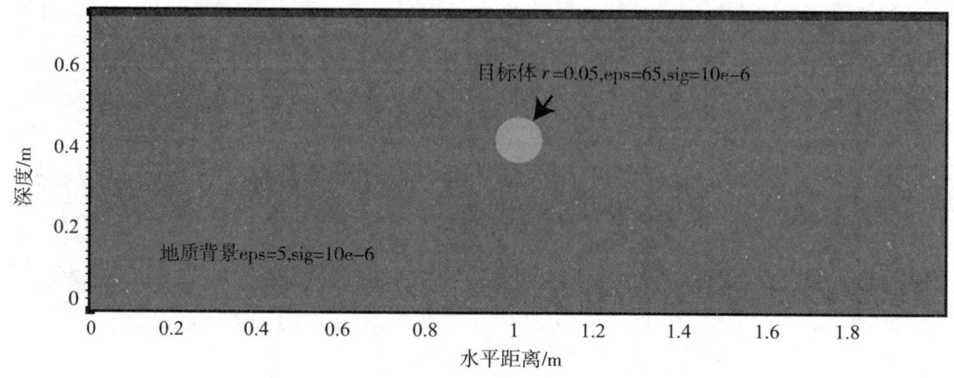

（d）圆形不良地质体相对介电常数 ε_r =65的地电模型

图4-14　不同相对介电常数目标体的地电模型（续）

模型水平距离为2.0m，探测深度为0.7m，单元格大小为0.0025m×0.0025m，时间测深为20ns，目标体埋设深度为40cm；地质背景相对介电常数为5，电导率为0.000001S/m。目标体相对介电常数及电导率分别为：方案一相对介电常数1，电导率0.000001S/m；方案二相对介电常数25，电导率0.000001S/m；方案三相对介电常数45，电导率0.000001S/m；方案四相对介电常数65，电导率0.000001S/m。设置子波主频为900MHz，激励源为Ricker子波，通过180道计算步，每个计算步为3392次，其成像特征如下。

图4-15是分别模拟不同的相对介电常数情形下圆形目标体的成像，主要考虑地质雷达探测时遇到不同相对介电常数的目标体，比如无水管道及输水管道的不同探测结果。通过对不同相对介电常数目标体的地质雷达成像模拟，可得出如下分析：首先，随着目标体相对介电常数的增大，或随着目标体介质的改变，模拟成像效果明显有增强的趋势，主要源于目标体的相对介电常数与地质背景的相对介电常数区分增大，从而导致电磁波具有更为明显的反射效果，因而产生更加明显的反射双曲线特征；其次，针对不同相对介电常数的反射效果，将会产生一定的规律性，比如在相对介电常数为1~20，电磁波的反射效果逐渐增加，但是随着相对介电常数进一步增大，反射波形却并没有明显的变化，如图4-15（c）（d）所示的目标体相对介电常数分别为45和65，而回波成像信息却趋于类似；最后，根据随着目标体相对介电常数增加，多次波情形也逐渐明显，前文已有分析，此处不再赘余。

为了进一步区分目标体相对介电常数变化引起的波幅增加程度，本书针对第90道数据提取后加以对比分析，如图4-16所示。

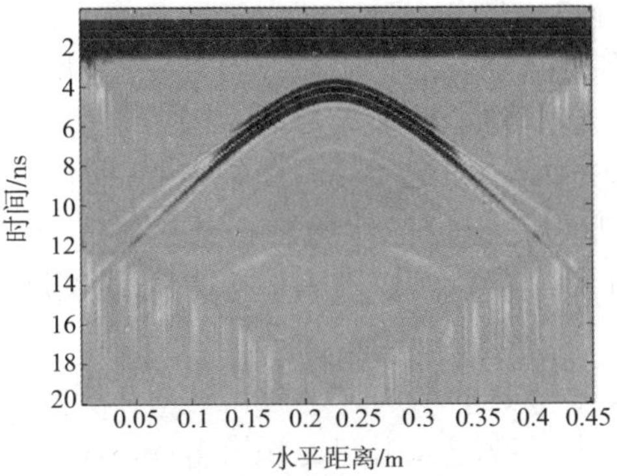

（a）圆形不良地质体ε_r=1的成像特征

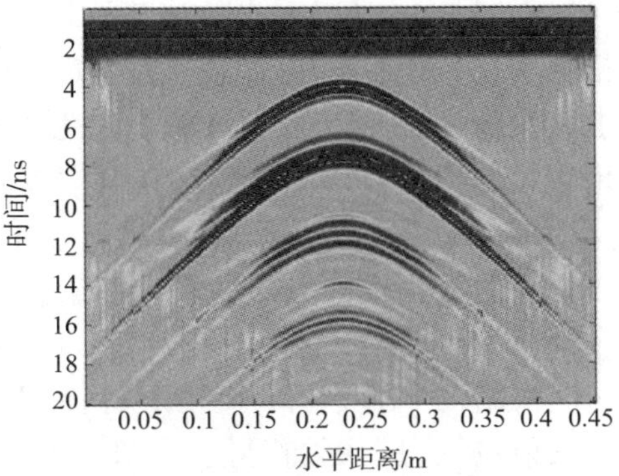

（b）圆形不良地质体ε_r=25的成像特征

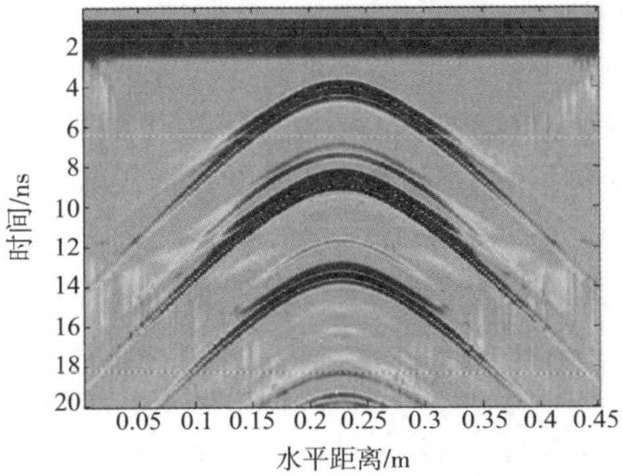

（c）圆形不良地质体ε_r=45的成像特征

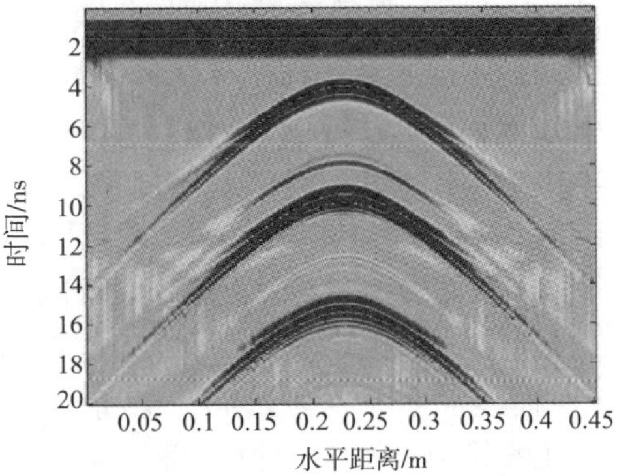

（d）圆形不良地质体ε_r=65的成像特征

图4-15　不同相对介电常数目标体成像特征分析

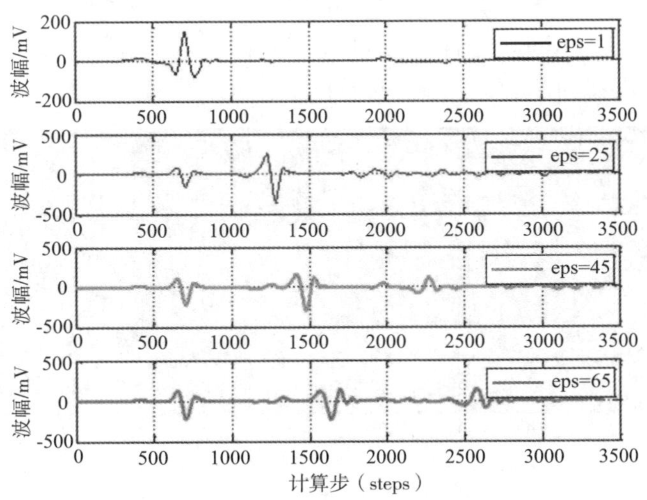

图4-16　第90道单波列波幅对比分析

由图4-16可以看出，当目标体相对介电常数为1时，波幅走向负值，初始幅值明显，但纵深处波幅较为稳定，即多次波效果不会明显；当目标体相对介电常数值为25时，反射波幅走向为正值，而紧接反射波幅显著，深层多次波效果较为理想；当目标体相对介电常数值为45时，反射波幅走向为正值，而紧接反射波幅较为显著，深层多次波效果较明显；当目标体相对介电常数值为65时，反射波幅走向为正值且幅值最大，而紧接反射波幅较为偏小，深层多次波效果最为明显。

根据以上的分析，随着目标体相对介电常数的增加，地质雷达对于目标体的反射波幅识别更加明显，同时，相对介电常数增大引起的深层多次波也随之增加。

4.4.2 电导率变化的成像特征分析

根据上文的研究，目标体电导率的改变也会产生较为明显的图像改变，具体的改变需要进行一系列的量化研究，本节拟从波幅的角度进行对比研究，以期望获得不同电导率的反射图像，从而根据不同电导率与介质的对应关系，即可总结出典型介质的成像特征。

本节对圆形目标体的模型设计如下，地质背景为黄土，设计圆形目标体的直径为0.05m。地质模型如图4-17所示。

模型水平距离为2.0m，探测深度为0.7m，单元格大小为0.0025m×0.0025m，时间测深为20ns，埋设深度为40cm；地质背景相对介电常数为5，电导率为0.000001S/m。目标体相对介电常数及电导率分别为：方案一相对介电常数5，电导率0.0001S/m；方案二相对介电常数5，电导率0.01S/m；方案三相对介电常数5，电导率1S/m；方案四相对介电常数5，电导率10S/m。设置子波主频为900MHz，激励源为Ricker子波，通过180道计算步，每个计算步为3392次，其成像特征如图4-18所示。

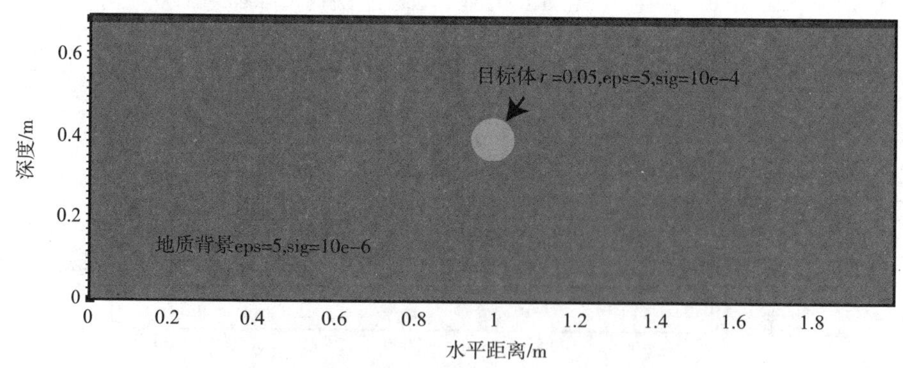

（a）圆形不良地质体电导率 σ =0.0001S/m的地电模型

图4-17 不同电导率的目标体地电模型

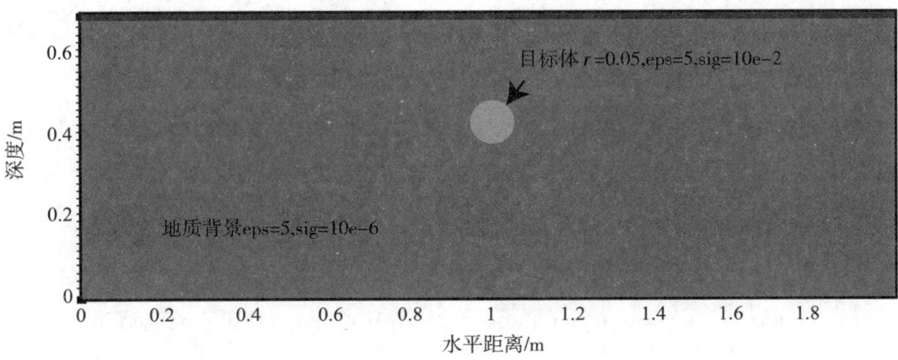

（b）圆形不良地质体电导率=0.01S/m的地电模型

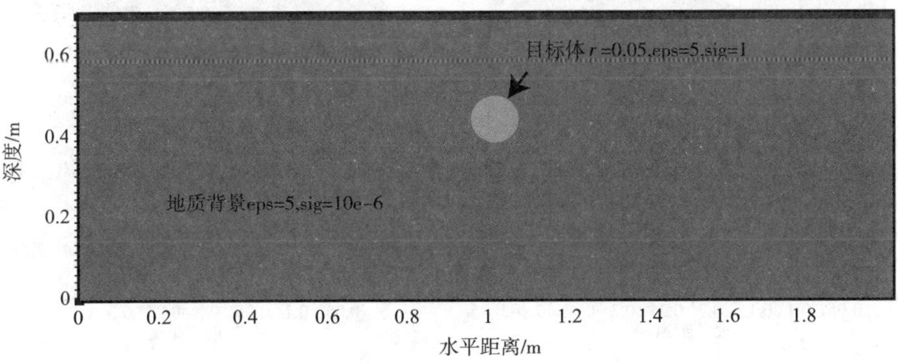

（c）圆形不良地质体电导率 σ =1S/m的地电模型

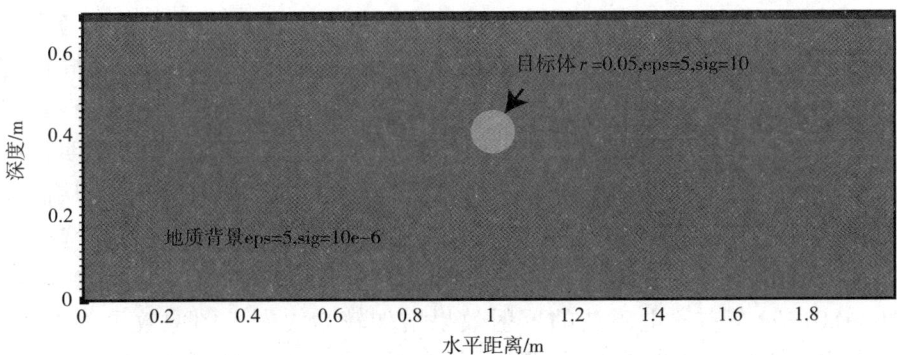

（d）圆形不良地质体电导率 σ =10S/m的地电模型

图4-17　不同电导率的目标体地电模型（续）

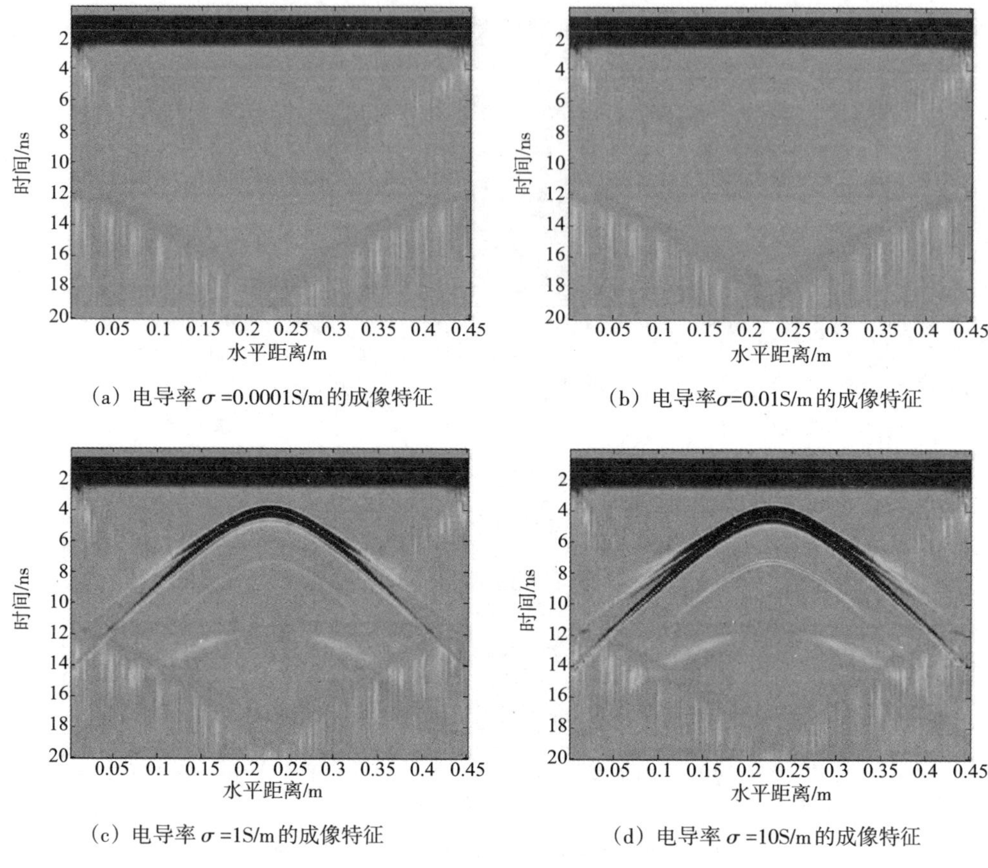

（a）电导率 σ =0.0001S/m的成像特征

（b）电导率σ=0.01S/m的成像特征

（c）电导率 σ =1S/m的成像特征

（d）电导率 σ =10S/m的成像特征

图4-18　不同电导率目标体成像特征分析

图4-18是分别模拟不同的电导率情形下圆形目标体的成像，主要考虑地质雷达探测时遇到不同电导率的目标体，诸如管道材质PVC及金属的不同探测结果。通过对不同电导率目标体的地质雷达成像模拟，可得出如下分析：首先，随着目标体电导率的增大，或随着目标体介质的改变，模拟成像效果明显有增强的趋势，主要源于目标体的电导率与地质背景的电导率区分增大，从而导致电磁波具有更为明显的反射效果，因而产生更加明显的反射双曲线特征；其次，针对不同电导率数的反射效果，将会产生一定的规律性，比如在电导率0.0001～0.01S/m左右，电磁波的反射效果增加较为缓慢，图像效果并不明显，但是随着电导率进一步增大，反射波形却有明显的变化，如图4-18（c）（d）所示的目标体相对介电常数分别为1和10，而回波成像信息增加明显。

为了进一步区分目标体电导率变化引起的波幅增加程度，本书针对第90道数据提取后加以对比分析，如图4-19所示。

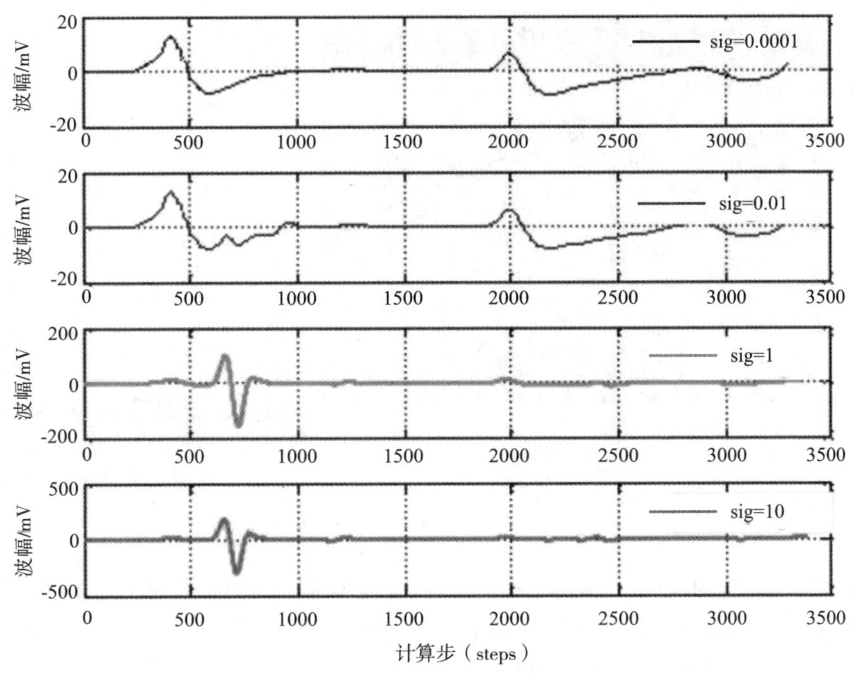

图4-19 第90道单波列波幅对比分析

由图4-19可以看出，当目标体电导率为0.0001S/m时，波幅走向正值，初始幅值仅为15mV左右，纵深处波幅非常稳定，即多次波效果不会明显；当目标体电导率值为0.01S/m时，初始幅值仅为17mV左右，纵深处波幅非常稳定，即多次波效果不会明显；当目标体电导率值为1S/m时，反射波幅走向为正值，初始幅值为150mV左右，纵深处波幅较为稳定，即多次波效果不会明显；当目标体电导率值为10S/m时，反射波幅走向为正值，初始幅值为200mV左右，纵深处波幅较为稳定，即多次波效果不会明显。

根据以上的分析，随着目标体电导率的增加，地质雷达对于目标体的反射波幅识别更加明显，同时，电导率增大引起的深层多次波并不明显。

4.5 点状目标地质模型的反演研究

4.5.1 数据提取及分析

GETDATA采用先进的自动化数值算法，可以快速地将多种格式的图片转换成矢量图。通过该方法将正演结果的双曲线特征点进行提取，取样原则遵循平均、最大波幅点等，图4-20为实际取样示意图。

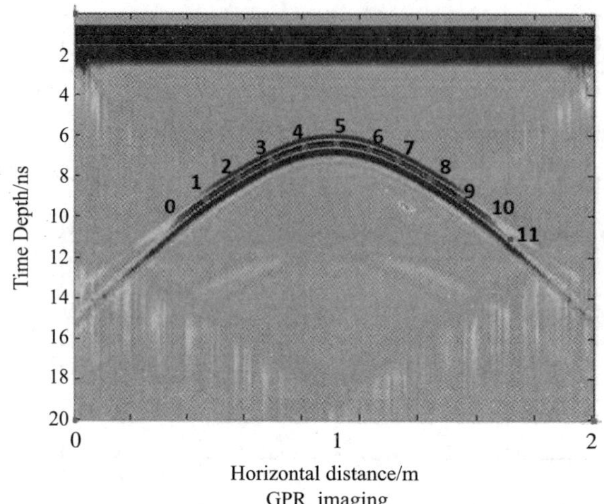

GPR imaging

Data | Current status

N°	X	Y
0	0.409195	-10.117
1	0.510345	-9.12281
2	0.634483	-8.07018
3	0.763218	-7.19298
4	0.896552	-6.54971
5	1.01609	-6.37427
6	1.14023	-6.66667
7	1.25057	-7.19298
8	1.37011	-8.07018
9	1.48506	-9.06433
10	1.5908	-10.0585
11	1.67816	-11.0526

data points: 12

Original date

图4-20　双曲线特征的数字化取样

显然，通过对图像中的双曲线特征点提取即可以描述该双曲线的几何特征。本书通过对提取获得的点群，通过对点的回归分析，通过共轭梯度及全局优化算法获得双曲线最优拟合方程。

（1）不同半径目标体成像特征

不同半径目标体成像特征的坐标值及时间深度信息如表4-2所示。

表4-2　不同半径目标体的图像数据化

r =0.005 m		r =0.025 m		r =0.050 m		r =0.100 m	
水平/m	垂直/ns	水平/m	垂直/ ns	水平/m	垂直/ ns	水平/m	垂直/ ns
0.597	7.894	0.597	7.485	0.514	8.011	0.413	9.181
0.661	7.076	0.670	6.725	0.593	7.309	0.550	7.543
0.749	6.256	0.744	6.022	0.694	6.432	0.684	6.432
0.831	5.613	0.818	5.496	0.781	5.730	0.795	5.613
0.919	5.204	0.926	5.145	0.882	5.204	0.882	5.028
0.952	5.087	0.988	4.912	0.956	4.912	0.974	4.912
0.979	4.997	1.006	4.763	0.996	4.822	1.093	4.880
1.098	5.028	1.108	4.853	1.080	4.970	1.117	4.911
1.218	5.555	1.204	5.262	1.158	5.321	1.209	5.145
1.310	6.315	1.278	5.847	1.250	5.906	1.287	5.789
1.379	7.193	1.351	6.608	1.347	6.666	1.370	6.549
1.452	7.777	1.411	7.076	1.425	7.368	1.457	7.251
1.521	8.480	1.489	7.719	1.498	8.187	1.636	8.948

通过对水平坐标进行归一化处理，同时对纵坐标的时间深度进行视深度的转换，可以得到相应的实际模型坐标系下的双曲线坐标，如表4–3所示。

表4–3　双曲线实际坐标的转化

r =0.005 m		r =0.025 m		r =0.050 m		r =0.100 m	
水平/m	垂直/m	水平/m	垂直/ m	水平/m	垂直/ m	水平/m	垂直/ m
−0.40	−0.53	−0.40	−0.50	−0.49	−0.54	−0.59	−0.62
−0.34	−0.47	−0.33	−0.45	−0.41	−0.49	−0.45	−0.51
−0.25	−0.42	−0.26	−0.40	−0.31	−0.43	−0.32	−0.43
−0.17	−0.38	−0.18	−0.37	−0.22	−0.38	−0.21	−0.38
−0.08	−0.35	−0.07	−0.35	−0.12	−0.35	−0.12	−0.34
−0.05	−0.34	−0.01	−0.33	−0.04	−0.33	−0.03	−0.33
−0.02	−0.34	0.01	−0.32	0.00	−0.32	0.09	−0.33
0.10	−0.34	0.11	−0.33	0.08	−0.33	0.12	−0.33
0.22	−0.37	0.20	−0.35	0.16	−0.36	0.21	−0.35
0.31	−0.42	0.28	−0.39	0.25	−0.40	0.29	−0.39
0.38	−0.48	0.35	−0.44	0.35	−0.45	0.37	−0.44
0.45	−0.52	0.41	−0.47	0.43	−0.49	0.46	−0.49
0.52	−0.57	0.49	−0.52	0.50	−0.55	0.64	−0.60

通过表4–2和表4–3的转换，就可以得到不同半径目标体的双曲线成像坐标，如图4–21所示。

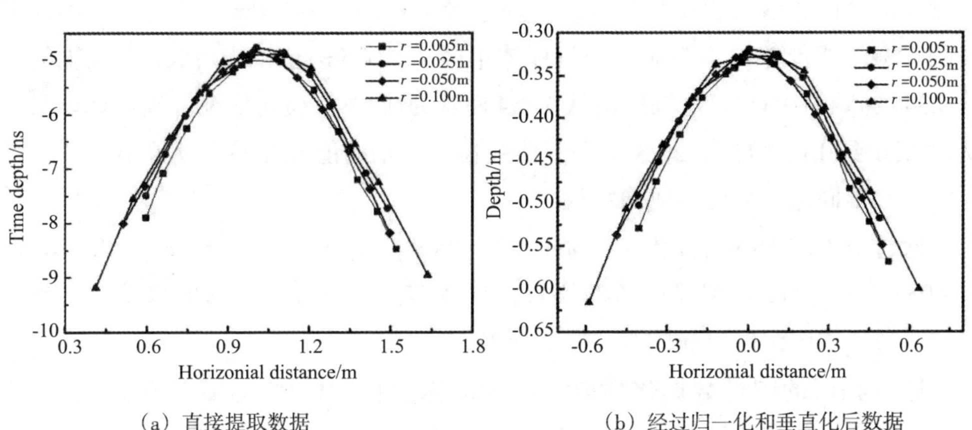

（a）直接提取数据　　　　（b）经过归一化和垂直化后数据

图4–21　不同半径目标体的双曲线成像特征

在图4-21中，(a）为直接提取数据的坐标值，(b）为经过归一化及垂直坐标转换后的双曲线坐标值。图中双曲深度不同半径曲线非常接近，甚至一些点是重叠的。它证明目标体为不同的半径（r=0.005~0.100m）时无法区分的成像特点。此外，模型中目标体的实际深度是0.30m。然而，正演结果的双曲线波峰的深度，也就是视深度约为0.33m。因此实际深度与视深度之间存在误差。

为简化计算，本书以1stopt软件针对双曲线关键节点采用共轭梯度法拟合，通过与公式（4-4）系数对比，获取双曲线解析方程的长、短轴 a_r 、 b_r 值，如表4-4所示。

表4-4　不同半径目标体的双曲线长、短轴反演

r /m	h /m	long-axis (a_r)	short-axis (b_r)	hyperbolic Formula
0.005	0.3	0.347	0.434	$\frac{y^2}{0.347^2}-\frac{x^2}{0.434^2}=1$
0.025	0.3	0.333	0.388	$\frac{y^2}{0.333^2}-\frac{x^2}{0.388^2}=1$
0.05	0.3	0.330	0.379	$\frac{y^2}{0.330^2}-\frac{x^2}{0.379^2}=1$
0.100	0.3	0.342	0.408	$\frac{y^2}{0.342^2}-\frac{x^2}{0.408^2}=1$

通过对比参数，显然，由于点状目标体成像的双曲线节点非常接近，因此渐近线拟合的直线方程也较为接近。在半径为0.005 ~ 0.100m的情况下，不同半径的目标体成像差异不明显。当目标体半径从0.005m变化到0.100m，长轴的值从0.347递减为0.342，短轴的值从0.434递减为0.408。换句话说，当目标体半径从0.005m到0.1m增长了20倍，而双曲线长、短轴的值改变的半径很小。

（2）不同深度目标体成像特征

通过对不同埋深目标体 h =10cm、h =20cm、h =30cm、h =40cm、h =50cm、h =60cm、h =65cm，成像的双曲线特征提取节点，反算实际深度以及水平坐标平移，获得不同深度目标体双曲线的成像。

通过相同的图像数据化提取，将不同深度目标体的双曲线特征点逐一拾取。不同埋深的双曲线成像坐标值如表4-5所示。

表4-5 不同深度目标体成像特征点提取坐标值

h = 0.05 m		h = 0.1 m		h = 0.2 m		h = 0.3 m	
水平/m	垂直/ns	水平/m	垂直/ns	水平 /m	垂直/ns	水平 /m	垂直/ns
0.75	3.39	0.69	4.39	0.60	6.20	0.51	8.01
0.81	2.81	0.75	3.74	0.69	5.38	0.59	7.31
0.87	2.16	0.82	3.16	0.76	4.74	0.69	6.43
0.92	1.58	0.89	2.40	0.84	4.09	0.78	5.73
1.00	1.23	0.96	1.99	0.91	3.57	0.88	5.20
1.07	1.46	1.00	1.93	1.00	3.39	0.96	4.91
1.13	2.11	1.05	1.99	1.09	3.57	1.01	4.85
1.20	2.81	1.11	2.40	1.16	4.04	1.08	4.97
1.25	3.33	1.16	2.87	1.24	4.62	1.16	5.32
		1.20	3.27	1.31	5.26	1.25	5.91
		1.26	3.80	1.38	6.02	1.35	6.67
		1.31	4.39			1.43	7.37
						1.50	8.19

h = 0.4 m		h = 0.5 m		h = 0.6 m	
水平/m	垂直/ns	水平/m	垂直/ns	水平 /m	垂直/ns
0.41	10.12	0.34	11.87	0.21	14.15
0.51	9.12	0.41	11.11	0.34	12.86
0.63	8.07	0.51	10.23	0.45	11.92
0.76	7.19	0.61	9.47	0.57	11.05
0.90	6.55	0.73	8.71	0.70	10.23
1.02	6.37	0.86	8.13	0.86	9.53
1.14	6.67	0.97	7.89	1.00	9.36
1.25	7.19	1.03	7.84	1.12	9.47
1.37	8.07	1.13	8.07	1.26	10.00
1.49	9.06	1.24	8.48	1.40	10.82
1.59	10.06	1.32	8.95	1.51	11.58
1.68	11.05	1.40	9.53	1.61	12.46
0.41	10.12	1.48	10.12	1.78	13.92
		1.55	10.76		
		1.64	11.52		
		1.72	12.34		

同样，通过对水平坐标进行归一化处理，同时对纵坐标的时间深度进行视

深度的转换，可以得到相应的实际模型坐标系下的双曲线坐标。归一化及垂直坐标转换后的双曲线坐标值如表4-6所示。

表4-6　不同深度目标体成像特征点提取坐标值

h = 0.05 m		h = 0.1 m		h = 0.2 m		h = 0.3 m	
水平/m	垂直/m	水平/m	垂直/m	水平 /m	垂直/m	水平 /m	垂直/m
−0.25	−0.23	−0.31	−0.29	−0.40	−0.42	−0.49	−0.54
−0.19	−0.19	−0.25	−0.25	−0.32	−0.36	−0.41	−0.49
−0.13	−0.15	−0.18	−0.21	−0.24	−0.32	−0.31	−0.43
−0.08	−0.11	−0.11	−0.16	−0.16	−0.27	−0.22	−0.38
0.00	−0.08	−0.04	−0.13	−0.09	−0.24	−0.12	−0.35
0.07	−0.10	0.00	−0.13	0.00	−0.23	−0.04	−0.33
0.13	−0.14	0.05	−0.13	0.09	−0.24	0.01	−0.33
0.20	−0.19	0.11	−0.16	0.16	−0.27	0.08	−0.33
0.25	−0.23	0.16	−0.19	0.24	−0.31	0.16	−0.36
		0.20	−0.22	0.31	−0.35	0.25	−0.40
		0.26	−0.25	0.38	−0.40	0.35	−0.45
		0.31	−0.29			0.43	−0.49
						0.50	−0.55

h = 0.4 m		h = 0.5 m		h = 0.6 m	
水平/m	垂直/m	水平/m	垂直/m	水平 /m	垂直/m
−0.59	−0.68	−0.67	−0.80	−0.79	−0.95
−0.49	−0.61	−0.59	−0.75	−0.67	−0.86
−0.37	−0.54	−0.49	−0.69	−0.56	−0.80
−0.24	−0.48	−0.39	−0.64	−0.43	−0.74
−0.10	−0.44	−0.27	−0.58	−0.30	−0.69
0.02	−0.43	−0.15	−0.55	−0.15	−0.64
0.14	−0.45	−0.04	−0.53	0.00	−0.63
0.25	−0.48	0.02	−0.53	0.12	−0.64
0.37	−0.54	0.13	−0.54	0.26	−0.67
		0.24	−0.57	0.40	−0.73
		0.32	−0.60	0.51	−0.78
		0.40	−0.64		
		0.48	−0.68		

不同埋深目标体的时间深度成像特征如图4-22（a）所示，经过归一化及深度换算的成像特征图如图4-22（b）所示。

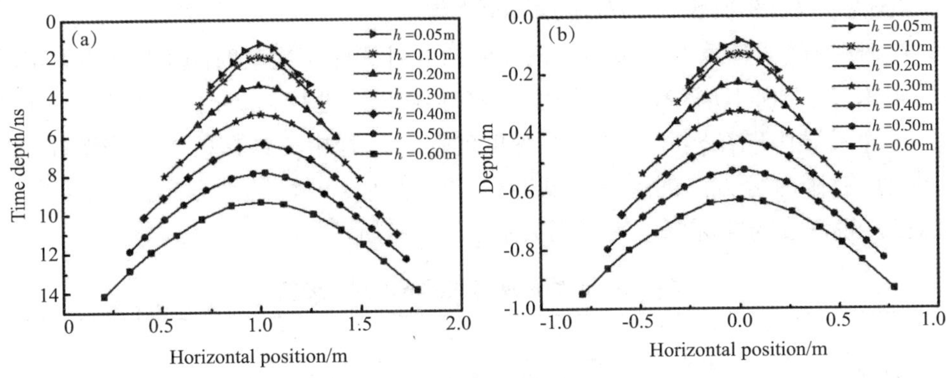

图4-22 不同埋深目标体的成像特征

当深度 h =0.05m、0.10m、0.20m、0.30m、0.40m、0.50m、0.60m时，双曲线成像特征明显改变。随着模型中目标体的埋深增加，双曲线的波峰深度也明显增加。因此通过双曲线峰顶位置可以推断目标体的深度。且双曲线的张开度随目标体埋深增加。

1stopt软件针对双曲线关键节点采用共轭梯度法拟合，通过与公式（4-4）系数对比，获取双曲线解析方程的长、短轴 a 、b 值。

表4-7 不同深度目标体双曲线长、短轴反演计算

r /m	h /m	long-axis (a)	short-axis (b)	hyperbolic Formula
0.05	0.05	0.089	0.104	$\frac{y^2}{0.089^2}-\frac{x^2}{0.104^2}=1$
0.05	0.10	0.133	0.159	$\frac{y^2}{0.133^2}-\frac{x^2}{0.159^2}=1$
0.05	0.20	0.231	0.228	$\frac{y^2}{0.231^2}-\frac{x^2}{0.228^2}=1$
0.05	0.30	0.330	0.379	$\frac{y^2}{0.330^2}-\frac{x^2}{0.379^2}=1$
0.05	0.40	0.430	0.487	$\frac{y^2}{0.430^2}-\frac{x^2}{0.487^2}=1$
0.05	0.50	0.531	0.598	$\frac{y^2}{0.531^2}-\frac{x^2}{0.598}=1$
0.05	0.60	0.632	0.713	$\frac{y^2}{0.632^2}-\frac{x^2}{0.713^2}=1$

当目标体的埋深从0.05m增加至0.06m，双曲线长轴的值从0.089增加至0.632（增幅约7倍）。短轴的值从0.104增加至0.713（约7倍）。因此，双曲线长轴和短轴随着埋深增加改变了近7倍。

4.5.2 双曲线长、短轴的反演计算

在FDTD数值计算的结果中，正演成像的目标体深度（时间深度）与换算得出的视深度，在同实际模型的深度（实际深度）进行对比时，存在明显的差异，这种差异体现在实际深度与视深度的对比过程中，误差的主要来源在于向前和向后有限差分方法的差异。截断误差的值等于时域的平方晶格（Δt）。时间深度、视深度与实际深度的修正关系如表4-8所示。

表4-8 时间深度与实际深度对比分析

项目	数据						
实际深度 h_{real} /m	0.05	0.10	0.20	0.30	0.40	0.50	0.60
视深度 $h_{apparent}$ /m	0.08	0.13	0.23	0.33	0.43	0.53	0.63
时间深度 T_{time} /ns	1.23	1.93	3.39	4.85	6.37	7.84	9.36

可以看出，实际深度与视深度之间的误差非常明显，而且，不同深度目标体的实际深度与视深度之间的误差值接近，约为0.03m。因此本书通过视深度与实际深度的误差修正关系及公式对正演误差进行接近性修正，以获得更为准确的反演模型及反演结果。

图4-23（a）为真正的深度和视深度的关系曲线，公式（4-7）是修改后的实际深度和表观深度之间的关系。使用修正后的关系公式可以减少深度误差。图4-23（b）是实际深度和时间深度的拟合曲线，公式（4-8）是实际深度和时间深度的关系公式。通过该数学关系可将视深度与实际深度进行修正转换。

$$h_{real} = 0.932 \cdot h_{apparent} \tag{4-7}$$

$$h_{real} = \frac{c}{\sqrt{\varepsilon_r}} \cdot \frac{T}{2} = 0.063 \cdot T_{tr avelti mes} \tag{4-8}$$

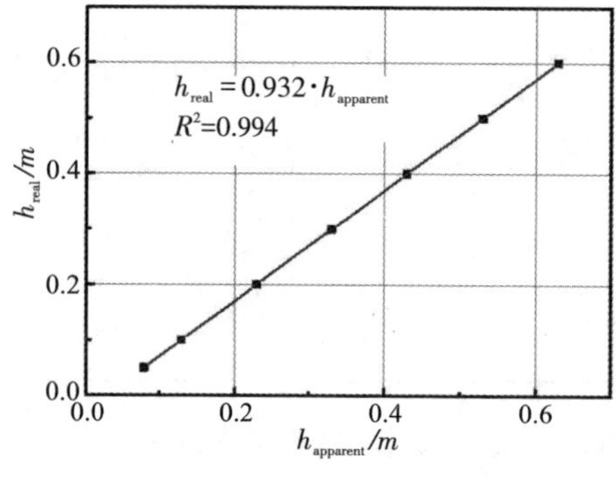

（a）真正的深度和视深度的关系曲线

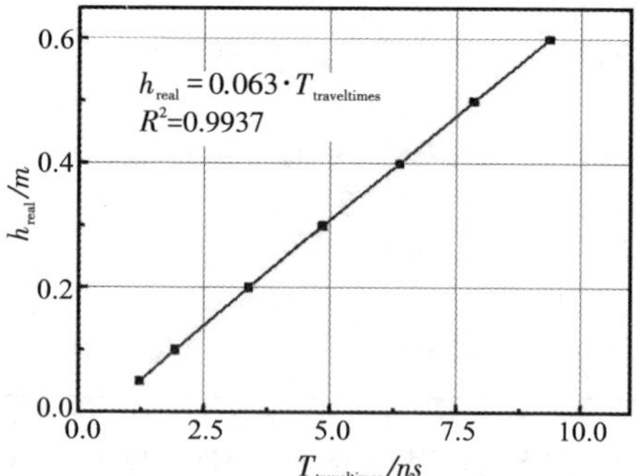

（b）实际深度和时间深度的拟合曲线

图4-23 视深度与实际深度的修正因子计算

4.5.3　点状目标反演分析模型

通过共轭梯度方法计算得出的双曲线方程可以快速计算出双曲线的长、短轴 a_c、b_c，但是仅仅长、短轴直接比较难以形成较为规律性的描述，以说明不同深度目标体的双曲线成像特征及其规律，因此本书试图根据双曲线的基本方程，通过修正参数及基本方程拟合的方法尝试对正演模型的几何尺寸（深度、半径）与成像双曲线的长、短轴进行多维拟合，选用正则化方法进行拟合，得出相关的长、短轴及相关参数的计算如表4–9和图4–24所示。

表4–9　长、短轴及相关参数的计算

t /ns	h /m	a_c*	b_c*	b_c/a_c	$(b_c/a_c)\times t$
1.23	0.05	0.08	0.10	1.24	0.76
1.93	0.10	0.12	0.15	1.25	1.21
3.39	0.20	0.21	0.26	1.22	2.07
4.85	0.30	0.31	0.37	1.22	2.96
6.37	0.40	0.40	0.48	1.21	3.85
7.84	0.50	0.49	0.60	1.21	4.74
9.36	0.60	0.59	0.71	1.20	5.64

* a_c 和 b_c 分别表示双曲线长、短轴的修正系数。

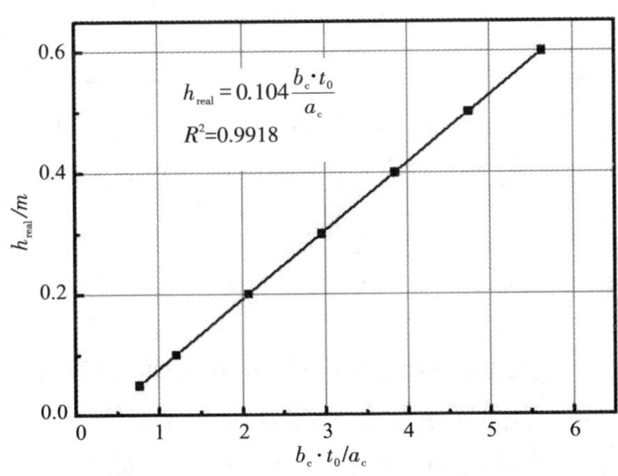

图4–24　实际深度与长、短轴的修正系数

根据公式（4–6）和公式（4–10），模型的实际深度与长短轴可以由最小二乘法进行快速拟合计算，由于实际深度与视深度的相关系数为0.104，因此得出正演模型的几何尺寸（深度、半径）与成像双曲线的长、短轴的经验公式如下：

$$h_{\text{real}}=0.104\frac{b_{\text{c}}\cdot t_0}{a_{\text{c}}} \tag{4-9}$$

经验公式（4-9）是反映真实深度和双曲线的长短轴之间的关系。可以看出真实深度与长轴 b_{c} 正相关，而与短轴 a_{c} 反相关。通过深度与双曲线长短轴的关系可以在实际应用中快速计算出目标体的真实深度，具有较好的实际应用价值。

因此，根据深度与长短轴关系式以及本书式（4-3）、式（4-4）等关系式，结合表4-9，对实际深度与长、短轴进行非线性拟合，即可得到最终反演模型如式（4-10）：

$$r_{\text{real}}=\frac{0.23}{h}\cdot\frac{b_{\text{c}}\left(a-\frac{0.104}{2}\cdot t_0\right)}{a_{\text{c}}} \tag{4-10}$$

通过关系式（4-10），对不同深度目标的实际深度、实际半径进行反演计算，可以得出表4-10。

表4-10　实际半径与实际深度的反演计算及误差表

项目	数据						
实际深度 h_{real} /m	0.05	0.10	0.20	0.30	0.40	0.50	0.60
实际半径 r_{real} /m	0.050	0.050	0.050	0.050	0.050	0.050	0.050
反演半径 $r_{\text{inversion}}$ /ns	0.089	0.065	0.054	0.051	0.049	0.049	0.047
误差 e	78%	30%	8%	2%	2%	2%	6%

在表4-10中，实际半径与反演半径的误差小于8%，且在深度为0.20~0.60m时，计算得反演结果仅为2%。误差较大的范围在0.05m和0.10m，误差达到30%以上。

4.6　小结

本章以地质雷达波的时域有限差分数值方法研究反射成像曲线机理。研究了在不同地质背景、不同地质雷达主频及分辨率、不同深度的目标体成像特征；同时对不良地质体的尺寸、形状、材料构成等对地质雷达波的成像规律进行了分析与归纳。具体结论如下：

（1）不同目标体深度方案下的成像对比图，主要考虑在目标体深度逐渐变化的情形下，地质雷达对目标体整体成像的变化趋势，首先，随着目标体深度的减小，成像的双曲线图像的反射强度变化不大，说明在衰减较小的情形下，等同地质背景以及相同目标体的位置因素影响较小，同时多次波的形态也具有较高的相似性；其次，双曲线的特征体现出了张开弧度减小的趋势，也就是其渐近线斜率逐渐增大的趋势。

（2）相同深度下不同圆形半径的成像对比图，主要考虑在目标体半径逐渐增大的情形下，地质雷达对目标体整体成像的变化趋势。随着圆形目标体的几何尺寸增加，地质雷达对目标体的位置识别更加准确明显，而根据双曲线的成像特征也可以识别出表面连续的圆形目标体。

相同深度下不同矩形边长的矩形目标体成像对比图，主要考虑矩形边长逐渐增大的情形下，地质雷达对目标体整体成像的变化趋势。矩形目标体在尺寸较小的情况下与圆形目标体的成像基本一致，均为双曲线成像特征，而随着边长增加，成像特征逐渐变为两端曲线中部直线的特征曲线。

5 层状地质模型成像特征的正反演研究

地质雷达探测图像的解读与识别是对地下介质的初步判断，经验依赖性比较强，本章主要从地质雷达的实际探测数据入手，根据现场的地质环境归纳为层状地质与目标体结构地质。针对层状地质构造，提出以二维数据回波的波列振幅递推算法，以获得分层地质的介电性能、分层厚度等相关信息；然后，建立双层地质模型，研究不同基层相对介电常数引起的地质雷达反射波幅变化，通过时域有限差分正演分析，对地质雷达回波反射面波幅与基层相对介电常数进行拟合，从而得到回波波幅-基层相对介电常数（Amplitude-Permittivity，A-P）模型，进而作为反演分析中的边界条件；最后结合不良地质体的具体特征，获得二维数据中目标体的结构形态与介电特征。

5.1 层状目标体成像机理及其特征分析

5.1.1 双层地质中地质雷达波反射及折射规律

地质雷达以电磁波的形式向地下介质传播过程中，在各个介质的分界面或者有介电差异的界面时，必然产生传播方向的变化，这点和光学特性类似，不考虑全反射的特例，本书仅对理想情况下平面电磁波的反射与折射情形进行讨论，图5-1所示是电磁波从介质1以角度 θ 入射至介质2的平面分界面产生的反射与折射方向概况。

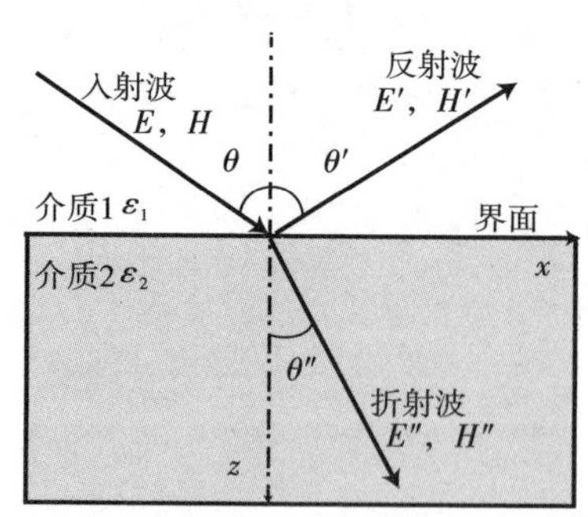

图5-1 地质雷达波的界面反射与折射图

由于分界面处介质的不连续性，一部分电磁入射波产生以 θ' 的反射波，以及产生以 θ'' 为折射角的现象。

R_{12} 为反射系数，T_{12} 为折射系数，n 为折射率，反射与折射公式为

$$R_{12}=\frac{\cos\theta-\sqrt{n^2-\sin^2\theta}}{\cos\theta+\sqrt{n^2-\sin^2\theta}} \tag{5-1}$$

$$T_{12}=\frac{2\cos\theta}{\cos\theta+\sqrt{n^2-\sin^2\theta}} \tag{5-2}$$

本书主要考虑垂直入射的情形，因此令 $\theta=0$。带入反射与折射公式：

$$R_{12}=(1-n)/(1+n) \tag{5-3}$$

$$T_{12}=2/(1+n) \tag{5-4}$$

在不考虑入射角度变化的情况下，以垂直入射地质雷达波为研究对象，根据反射与折射系数，其折射系数、反射系数与折射率的关系如图5-2所示。

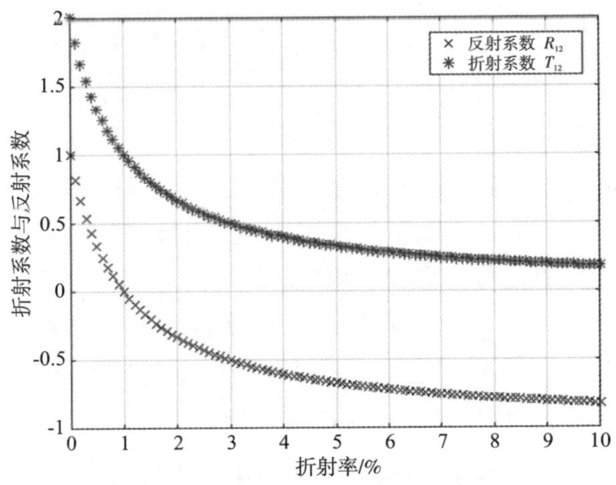

图5-2　反射系数与折射系数分析图

根据图5-2中的关键点分析，可得到如下结论：

当 $n>1$ 时，电磁波由相对介电常数小的介质入射至相对介电常数大的介质，$R_{12}<0$，$T_{12}<1$。入射波电场与反射波电场方向相反且 $E>E''$；入射波磁场与反射波磁场矢量方向相同且 $H>H''$。

当 $n<1$ 时，电磁波由相对介电常数大的介质入射至相对介电常数小的介质，$R_{12}>0$，$T_{12}>1$。入射波电场与反射波电场方向相同且 $E<E''$；入射波磁场与反射波磁场矢量方向相反且 $H<H''$。

由以上结论可知，反射系数的大小，主要取决于界面两侧介质相对于介电常数的差异程度。差异越大反射系数越大，则越利于探测。

理想情形下，地质雷达波从第一层通过多次反射与透射至更深层的地质中。电磁波从第一层入射至第n层，第2层至第n层反射波返回至地表的地质雷达接收装置，从而形成完整的地质雷达回波。地质雷达探测将从最上层开始，设入射波能量为1，则可以建立如图5-3所示的地质雷达波垂直入射的能量反射与分布规律图。

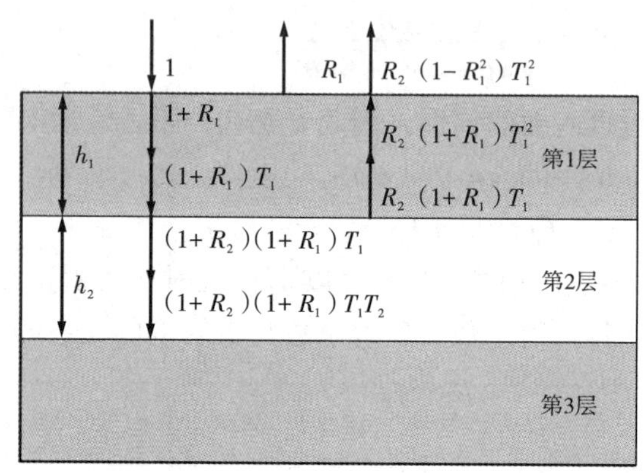

图5-3 浅层介质地质雷达波垂直入射与反射机理图

图5-3的地质雷达波多层传播的解析模型，结合基本参数，如分层厚度、分层走时，以及各分层的介电参数，直接决定了电磁波在各分层传播的波形特征，如地质雷达波反射信号的形状、幅值。

设入射能量为单一频率的电磁波，界面反射过程符合能量守恒定律。因此根据上图可进行如下的推导：在第1个界面上产生的反射能量为R_1，折射能量为$1+R_1$。第一层地质雷达反射波直接被接收设备接收，而透射波$1+R_1$则继续向下传播，由于这一层土壤对电磁波的吸收作用，向下传播的电磁波到达第2个界面时，能量为折射部分能量与传播因数的乘积，即$(1+R_1)T_1$。这部分电磁波又在第2个界面发生反射和折射，其反射能量和折射能量分别为$R_2(1+R_2)T_1$和$(1+R_2)(1+R_1)T_1$，该反射部分的电磁波又接着通过第1层到达第1个界面，在传播过程中再次受到第1层土壤对电磁波的吸收作用，到达界面时的能量为$R_2(1-R_1^2)T_1^2$。

根据以上原理，研究地质雷达波在第一层与第二层的传播可知，地质雷达子波在浅层介质中经历反射与折射以及透射衰减过程后，到达地表的最终地质雷达信号接收端的信号能量为：

$$E=R_1+R_2(1-R_1^2)T_1^2 \tag{5-5}$$

结合第3章的反射系数与折射系数公式：

$$R=(\sqrt{\varepsilon_n}-\sqrt{\varepsilon_{n+1}})/(\sqrt{\varepsilon_n}+\sqrt{\varepsilon_{n+1}}) \tag{5-6}$$

$$T=2\sqrt{\varepsilon_n}/(\sqrt{\varepsilon_n}+\sqrt{\varepsilon_{n+1}}) \tag{5-7}$$

将式（5-6）、式（5-7）代入式（5-5），得：

$$E_{回波能量}\sim A_{波幅}^2\sim f(\varepsilon_1,\ \varepsilon_2)=\left(\frac{\sqrt{\varepsilon_1}-\sqrt{\varepsilon_2}}{\sqrt{\varepsilon_1}+\sqrt{\varepsilon_2}}+\frac{4\sqrt{\varepsilon_1}\cdot\sqrt{\varepsilon_2}(\sqrt{\varepsilon_2}+\sqrt{\varepsilon_1})}{(\sqrt{\varepsilon_1}+\sqrt{\varepsilon_2})^3}\cdot T_1^2\right)\cdot E_{入射能量} \tag{5-8}$$

地质雷达的信号能量 E 与波幅的平方成正比关系，因此回波信号的能量大小也就可以反映出波幅的数值。且回波能量及波幅和两层介质的相对介电常数均有关系。

5.1.2　多层地质中地质雷达波反射及折射规律

不同介质层均会产生电磁波反射，而在实际应用中，我们可将多层夯实填筑黄土视为多层地质模型，因此，地质雷达波在各分层界面处会产生反射，同时在介质中折射部分的地质雷达波也将产生逐渐衰减的现象。根据这种思路以及现场环境，可对模型进一步具体化，建立二维多层地质模型体如图5-4所示。

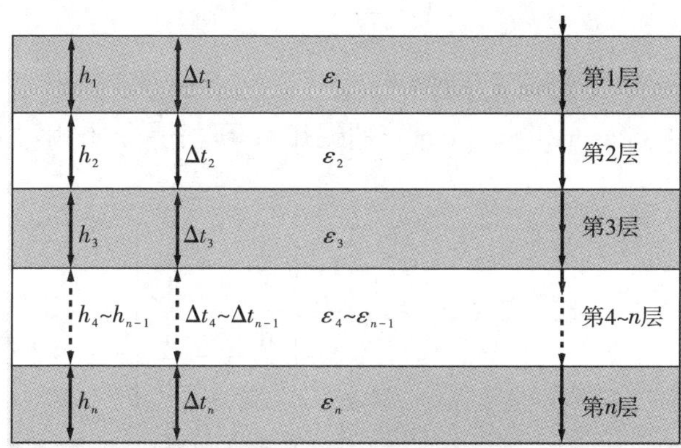

图5-4　多层填方地电模型

图5-4中，设填方层各层介质分布均匀，其相对介电常数为 $\varepsilon_1\sim\varepsilon_n$，厚度为 $h_1\sim h_n$，各层的地质雷达波单程旅行时间为 $t_1\sim t_n$。

因此，填方层的探测厚度为：

$$h=h_1+h_2+h_3+\cdots+h_n \tag{5-9}$$

总时间：

$$t=2\times(\Delta t_1+\Delta t_2+\Delta t_3+\cdots+\Delta t_n)$$

$$v_1=\frac{c}{\sqrt{\varepsilon_1}}=\frac{h_1}{\Delta t_1};\quad v_n=\frac{c}{\sqrt{\varepsilon_n}}=\frac{h_n}{\Delta t_n} \tag{5-10}$$

可得到：

$$
\begin{aligned}
&\frac{h}{c}=\frac{\Delta t_1}{\sqrt{\varepsilon_1}}+\frac{\Delta t_2}{\sqrt{\varepsilon_2}}+\frac{\Delta t_3}{\sqrt{\varepsilon_3}}+\cdots+\frac{\Delta t_{n-1}}{\sqrt{\varepsilon_{n-1}}}+\frac{\Delta t_n}{\sqrt{\varepsilon_n}}\\
&h=h_1+h_2+h_3+\cdots+h_{n-1}+h_n\\
&t=2\times(\Delta t_1+\Delta t_2+\Delta t_3+\cdots+\Delta t_{n-1}+\Delta t_n)
\end{aligned}
\tag{5-11}
$$

式（5-11）则是地质雷达波双程走时方程组。

5.1.3 地质雷达回波波幅与相对介电常数经验关系

地质雷达探测所得的二维数据是由无数道一维波形褶积形成，而在多层地质中，无须对整体二维数据进行分析，仅需从一维波形中提取对应的波幅极值点即可获取地层的反射信息。

因此，设第 i 层地质中的相对介电常数为 $\varepsilon_{3,i}$，设第 i 层的波幅值为 A_i，A_m 为金属界面全反射波幅常用的计算公式：

$$
\varepsilon_{r,1}=\left(\frac{1+\dfrac{A_1}{A_m}}{1-\dfrac{A_1}{A_m}}\right)^2 \tag{5-12}
$$

相对应的计算方法有以下几种：

（1）1991年，Maser和Scullion分别提出计算基层介质相对介电常数的模型公式：

$$
\text{Maser公式：}\quad \varepsilon_{r,2}=\varepsilon_{r,1}\left[\frac{1-\left(\dfrac{A_1}{A_m}\right)^2+\dfrac{A_2}{A_m}}{1-\left(\dfrac{A_1}{A_m}\right)^2-\dfrac{A_2}{A_m}}\right]^2 \tag{5-13}
$$

$$
\text{Scullion公式：}\quad \varepsilon_{r,2}=\varepsilon_{r,1}\left[\frac{1-\left(\dfrac{A_1}{A_m}\right)^2+\dfrac{A_2}{A_m}}{1-\dfrac{A_1}{A_m}+\dfrac{A_2}{A_m}}\right]^2 \tag{5-14}
$$

（2）随后在1994年，Maser通过进一步的研究，对之前的研究加以修正：

$$
\varepsilon_{r,2}=\varepsilon_{r,1}\left(\frac{\dfrac{4\sqrt{\varepsilon_1}}{\varepsilon_1-1}+\dfrac{A_2}{A_i}}{\dfrac{4\sqrt{\varepsilon_1}}{\varepsilon_1-1}-\dfrac{A_2}{A_i}}\right)^2 \tag{5-15}
$$

（3）1995年，Roddis针对两层地质提出如下模型：

$$\varepsilon_{r,2}=\left(\frac{1+\dfrac{A_2}{A_1}}{1-\dfrac{A_2}{A_1}}\right)^2 \tag{5-16}$$

（4）美国Pulse Radar公司的雷达分析软件中，双层地质模型中的基层相对介电常数计算公式为：

$$\varepsilon_{r,2}=\varepsilon_{r,1}\left(\frac{4\sqrt{\varepsilon_1}+\dfrac{A_2}{A_m}\varepsilon_1^2}{4\sqrt{\varepsilon_1}-\dfrac{A_2}{A_m}\varepsilon_1^2}\right)^2 \tag{5-17}$$

式中，A_1 为雷达波在第一界面的反射波幅，mV，A_2 为雷达波在第二届面的反射波幅，mV。

以上各个公式的算法并不统一，原因在于地质层面具有较为明显的介质特性，介电性质复杂，因而建立雷达电磁波为理论基础的相对介电常数解析公式较为困难，这些公式均是结合相对应的假设而建立的，而根据地质雷达波实际探测的地质特点，就可以对公式加以修正。

5.2 双层介质界面反射特性

5.2.1 双层介质的FDTD平均和差分数值解

在实际问题中，经常遇到不同介质层的情况，FDTD算法在不同介质层的计算方法以图5-5中的双层介质模型为例，分析相对介电常数分别为$\varepsilon_{r,1}$和$\varepsilon_{r,2}$的两种介质分界面的回波情况。

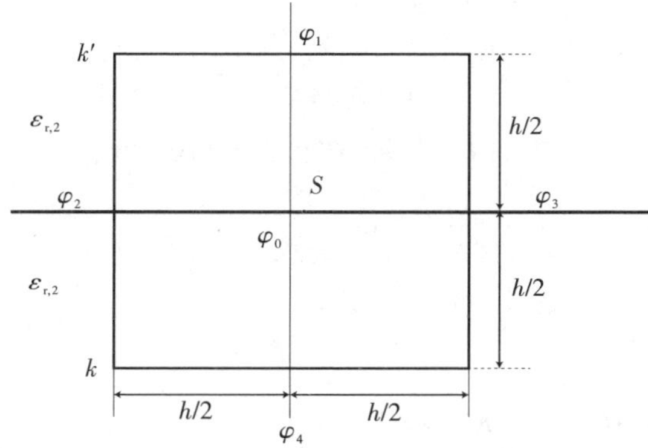

图5-5　介质分界面处的差分网格

图5-5中，φ_i 为各区域的电磁场强度；h 为差分步长；S 指代网格区域的名称；k 和 k' 是指 $k-k'$ 平面空间。

在介质分界面处，由于电通量的连续性，公式成立

$$\nabla\cdot(\varepsilon\nabla\varphi)=0 \tag{5-18}$$

ε 为介电常数，以公式（5-18）为基础，可导出介质分界面的差分格式。在图5-5中建立一个中心点在分界面的网格S。在此网格区域，对公式（5-18）进行面积分，并利用二维高斯定理可得：

$$\iint_s \nabla\cdot(\varepsilon\nabla\varphi)\,\mathrm{d}s=\oint_l(\varepsilon\nabla\varphi)\cdot n\mathrm{d}l=0 \tag{5-19}$$

式中，n 是垂直于区域S周边 l 的外法线矢量。将S区域各边上的 $\nabla\varphi$ 用各边中心处的两点差分方式表示，就能够得到式（5-20）左边的线积分值。

$$\frac{\varepsilon_{r,1}+\varepsilon_{r,2}}{2}\varphi_0=\frac{1}{4}\left(\varepsilon_{r,1}\varphi_1+\varepsilon_{r,2}\varphi_4+\frac{\varepsilon_{r,1}+\varepsilon_{r,2}}{2}\varphi_2+\frac{\varepsilon_{r,1}+\varepsilon_{r,2}}{2}\varphi_3\right) \tag{5-20}$$

公式（5-20）中，根据界面两侧的电磁场强度能量守恒定律，介质相对介电常数值可以理解为在分界面取等效介电常数为（$\varepsilon_{r,1}+\varepsilon_{r,2}$）/2，即两种介质的平均值。因此波场强度与表层和垫层的相对介电常数值存在一定的数理关系，显然使用解析计算较为复杂，因此本书通过数值方法研究混凝土层与垫层的地质雷达回波规律及幅值的数理关系，即可获得更为简洁、便于实际应用的经验关系式。

5.2.2 特殊界面的反射幅值解析解

地质雷达波在黄土等介质中的传播与真空或者空气中的传播特性具有较大的差异性，本节主要对地质雷达波在单纯黄土介质中的传播以及衰减，以及因相对介电常数以及电导率引起的能量衰减变化进行分析。分别讨论 $\vec{E}$ 垂直于入射面和 $\vec{E}$ 平行于入射面两种情形：

（1）$\vec{E}$ 垂直入射面，由电磁场能量守恒定律：

$$E+E'=E'' \tag{5-21}$$

$$H\cos\theta-H'\cos\theta'=H''\cos\theta'' \tag{5-22}$$

$$\vec{H}=\sqrt{\frac{\varepsilon}{\mu}}\frac{\vec{k}}{k}\times\vec{E}=\sqrt{\frac{\varepsilon}{\mu}}\vec{n}\times\vec{E} \tag{5-23}$$

得 $H=\sqrt{\frac{\varepsilon}{\mu}}E\underset{(\mu\approx\mu_0)}{=}\sqrt{\frac{\varepsilon}{\mu_0}}E$

$H=\sqrt{\frac{\varepsilon_1}{\mu_0}}E$、$H'=\sqrt{\frac{\varepsilon_1}{\mu_0}}E'$、$H''=\sqrt{\frac{\varepsilon_2}{\mu_0}}E''$，

因此 $\sqrt{\varepsilon_1}(E-E')\cos\theta=\sqrt{\varepsilon_2}E''\cos\theta''$，代入 $E+E'=E''$：

$$\sqrt{\varepsilon_1}(E-E')\cos\theta=\sqrt{\varepsilon_2}(E+E')\cos\theta'' \tag{5-24}$$

$$\sqrt{\varepsilon_1}\left(1-\frac{E'}{E}\right)\cos\theta=\sqrt{\varepsilon_2}\left(1+\frac{E'}{E}\right)\cos\theta''$$

$$\frac{E'}{E}\left(\sqrt{\varepsilon_1}\cos\theta+\sqrt{\varepsilon_2}\cos\theta''\right)=\sqrt{\varepsilon_1}\cos\theta-\sqrt{\varepsilon_2}\cos\theta''$$

$$\frac{E'}{E}=\frac{\sqrt{\varepsilon_1}\cos\theta-\sqrt{\varepsilon_2}\cos\theta''}{\sqrt{\varepsilon_1}\cos\theta+\sqrt{\varepsilon_2}\cos\theta''}=\frac{\cos\theta-\sqrt{\dfrac{\varepsilon_2}{\varepsilon_1}}\cos\theta''}{\cos\theta+\sqrt{\dfrac{\varepsilon_2}{\varepsilon_1}}\cos\theta''}$$

$$=\frac{\cos\theta-\dfrac{\sin\theta}{\sin\theta''}\cos\theta''}{\cos\theta+\dfrac{\sin\theta}{\sin\theta''}\cos\theta''}=-\frac{\sin\theta\cos\theta''-\cos\theta\sin\theta''}{\sin\theta\cos\theta''+\cos\theta\sin\theta''}=-\frac{\sin(\theta-\theta'')}{\sin(\theta+\theta'')}$$

$$\frac{E''}{E}=1+\frac{E'}{E}=\frac{2\cos\theta\sin\theta''}{\sin\theta\cos\theta''+\cos\theta\sin\theta''}=\frac{2\cos\theta\sin\theta''}{\sin(\theta+\theta'')}\qquad(5\text{-}25)$$

（2）$\vec{E}$ 平行入射角，同理可推导出：

$$\frac{E'}{E}=\frac{\cos\theta-\sqrt{\dfrac{\varepsilon_1}{\varepsilon_2}}\cos\theta''}{\cos\theta+\sqrt{\dfrac{\varepsilon_1}{\varepsilon_2}}\cos\theta''}=\frac{\cos\theta-\dfrac{\sin\theta''}{\sin\theta}\cos\theta''}{\cos\theta+\dfrac{\sin\theta''}{\sin\theta}\cos\theta''}=\frac{\cos\theta\sin\theta-\cos\theta''\sin\theta''}{\cos\theta\sin\theta+\cos\theta''\sin\theta''}$$

$$=\frac{\sin 2\theta-\sin 2\theta''}{\sin 2\theta-\sin 2\theta''}=\frac{\mathrm{tg}(\theta-\theta'')}{\mathrm{tg}(\theta+\theta'')}$$

$$\frac{E''}{E}=\sqrt{\frac{\varepsilon_1}{\varepsilon_2}}\left(1+\frac{E'}{E}\right)=\frac{\sin\theta''}{\sin\theta}\left(1+\frac{\cos\theta\sin\theta-\cos\theta''\sin\theta''}{\cos\theta\sin\theta+\cos\theta''\sin\theta''}\right)$$

$$=\frac{\sin\theta''}{\sin\theta}\frac{2\cos\theta\sin\theta}{\cos\theta\sin\theta+\cos\theta''\sin\theta''}=\frac{2\cos\theta\sin\theta''}{\sin(\theta+\theta'')\cos(\theta-\theta'')}\qquad(5\text{-}26)$$

$\dfrac{E'}{E}$、$\dfrac{E''}{E}$ 表示反射波、折射波与入射波场强之比，也是振幅比$\left(\dfrac{E'_0}{E_0},\dfrac{E''_0}{E_0}\right)$。

5.2.3 特殊界面垂直入射波的回波特性

本书只讨论垂直入射的情况，设平面电磁波由真空入射到介质表面，在界面处得到反射波和透入导体内的折射波。

当垂直入射（$\vec{k}$ 垂直入射面），且 $\vec{E}$ 垂直入射面时 $E+E'=E''$，$H-H'=H''$。

$$H=\sqrt{\frac{\varepsilon_0}{\mu_0}}E,\quad H'=\sqrt{\frac{\varepsilon_0}{\mu_0}}E',$$

而 $\overline{H''}=\sqrt{\dfrac{\sigma}{\omega\mu}}e^{\frac{\pi}{4}i}\vec{n}\times\overline{E''}$，可得：$H''=\sqrt{\dfrac{\sigma}{2\omega\mu}}(1+i)E''\overset{\mu=\mu_0}{=\!=}\sqrt{\dfrac{\sigma}{2\omega\mu}}(1+i)E''$，

因此得：$H-H'=\sqrt{\dfrac{\varepsilon_0}{\mu_0}}(E-E')=H''=\sqrt{\dfrac{\sigma}{2\omega\mu_0}}(1+i)E''$

$$E-E'=\sqrt{\frac{\sigma}{2\omega\varepsilon_0}}(1+i)E''$$

$$E-E'=\sqrt{\frac{\sigma}{2\omega\varepsilon_0}}(1+i)(E+E')$$

$$1-\frac{E'}{E}=\sqrt{\frac{\sigma}{2\omega\varepsilon_0}}(1+i)\left(1+\frac{E'}{E}\right)$$

$$\frac{E'}{E}=\frac{1-\sqrt{\frac{\sigma}{2\omega\varepsilon_0}}(1+i)}{1+\sqrt{\frac{\sigma}{2\omega\varepsilon_0}}(1+i)}$$

$$=-\frac{\sqrt{\frac{\sigma}{2\omega\varepsilon_0}}(1+i)-1}{\sqrt{\frac{\sigma}{2\omega\varepsilon_0}}(1+i)+1}=-\frac{1+i-\sqrt{\frac{2\omega\varepsilon_0}{\sigma}}}{1+i+\sqrt{\frac{2\omega\varepsilon_0}{\sigma}}} \tag{5-27}$$

针对电磁波垂直入射至介质中反射系数表达式（5-27），对不同介质以该表达式进行具体的分析与讨论，进行如下分类。

第一种情况：黄土与导体的界面反射能量分布。

因为良导体 $\sqrt{\frac{\sigma}{\omega\varepsilon}}\gg 1$，因此 $\sqrt{\frac{2\omega\varepsilon_0}{\sigma}}\ll 1$，可近似转化为：

$$R\approx\frac{1-2\sqrt{\frac{2\varpi\varepsilon_0}{\sigma}}+1}{1+2\sqrt{\frac{2\omega\varepsilon_0}{\sigma}}+1}=\frac{1-\sqrt{\frac{2\varpi\varepsilon_0}{\sigma}}}{1+\sqrt{\frac{2\varpi\varepsilon_0}{\sigma}}}\approx\left(1-\sqrt{\frac{2\varpi\varepsilon_0}{\sigma}}\right)^2\approx 1-2\sqrt{\frac{2\varpi\varepsilon_0}{\sigma}}\approx 1 \tag{5-28}$$

式（5-28）表明，电导率σ越高，反射系数R越接近于1。而金属物质为理想导体，电导率普遍比较大，因而，地质雷达的电磁波遇到金属介质体时发生全反射，地质雷达波能量E全部反射出去，所形成的图像必然是全部的能量强烈反射。

第二种情况：黄土与空气的界面反射分析。

在空气中，可视为不良导体，电导率σ较小约等于0，频率ω取400MHz和相对介电常数 $\varepsilon_0=8.85\times10^{-12}$ F/m，$\sqrt{\frac{\sigma}{\omega\varepsilon}}\approx 0$，因此 $\sqrt{\frac{2\omega\varepsilon_0}{\sigma}}\approx 1$，可近似转化为：

$$R\approx\frac{1-2\sqrt{\frac{2\varpi\varepsilon_0}{\sigma}}+1}{1+2\sqrt{\frac{2\omega\varepsilon_0}{\sigma}}+1}=\frac{1-\sqrt{\frac{2\varpi\varepsilon_0}{\sigma}}}{1+\sqrt{\frac{2\varpi\varepsilon_0}{\sigma}}}\approx\frac{-\sqrt{\frac{2\varpi\varepsilon_0}{\sigma}}}{\sqrt{\frac{2\varpi\varepsilon_0}{\sigma}}}\approx -1 \tag{5-29}$$

式（5-29）表明，电导率σ越小，反射系数R越接近于-1。而空气可视为不良导体，电导率普遍比较小，因而，地质雷达的电磁波，遇到空气时，地质雷达波信号可以完全透射，同时波幅及能量产生反转，因此，从波形及能量信号都会体现出能量强度反转的现象。

第三种情况：黄土与水的界面反射分析。

在水中，水是相对介电常数介于金属和空气的介质，其相对介电常数值约为 $81\times\varepsilon_0$，频率ω取400MHz，蒸馏水电导率1.0×10^{-3}S/m，自来水电导率$0.5\sim5.0\times10^{-2}$S/m，以蒸馏水电导率为参考进行计算，$\sqrt{\dfrac{\sigma}{\omega\varepsilon}}\approx3.49\times10^{-3}$，因此$\sqrt{\dfrac{2\omega\varepsilon_0}{\sigma}}\approx405.45$，可近似转化为：

$$R\approx\frac{\left(1-\sqrt{\dfrac{2\omega\varepsilon_0}{\sigma}}\right)^2+1}{\left(1+\sqrt{\dfrac{2\omega\varepsilon_0}{\sigma}}\right)^2+1}=\frac{(1-405.45)^2+1}{(1+405.45)^2+1}\approx0.99 \tag{5-30}$$

式（5-30）表明，水的电导率不同于金属及空气，因此含水或者充水体的电导率与相对介电常数取值的准确性对反射系数具有较为明显的影响，而土体及饱和土体的相对介电常数等介电参数的反演也会因反射系数而进一步清晰明了。水体反射系数R接近于1，但是并不等于1，这说明，在水中电磁波具有一定的传播能力，该传播能力转化为深度信息，那么这个最大传播深度具有较为可观的研究价值。

同时结合以上三种特殊介质的反射系数研究，本书可以得出以下结论：金属对电磁波信号具有最为明显的反射，几乎所有的电磁波能量均被完全反射；空气界面的电磁波信号方向转变，近似没有反射信号，从黄土进入空气反射信号可有以下的分析，从空气的相对介电常数1到黄土相对介电常数5，反射信号由-1增加至0；而在水界面，电磁波会产生反射，但未被完全反射，电磁波在水中具有一定的旅行时间，该旅行时间将做进一步分析。同时对比分析可知，随着相对介电常数由黄土的5到水体的81，在该范围内，电磁波反射信号由0逐渐增加至0.99，因此反射信号必然逐渐增强。

5.3 界面反射的波幅与垫层相对介电常数关系FDTD研究

对不同相对介电常数情形下的成像特征进行对比分析，然后采用数值的方法进一步研究相对介电常数对回波波形的影响程度与效果。利用数值方法相对于实验方法具有非常理想的波形传播效果，实验方法存在较多的缺陷，如：介质并不是理想均匀；较大试样不能确保均匀压实；室内环境容易受到外界干扰以及后期处理中的读数误差。

根据波形对比要求，本书设计出浅层黄土地电模型，旨在保持其余参数不变，单纯的相对于相对介电常数变化，也就是研究试样中含水率的变化对反射波形的影响，从回波量化的方面进行深入分析。具体的地电模型如图5-6所示。

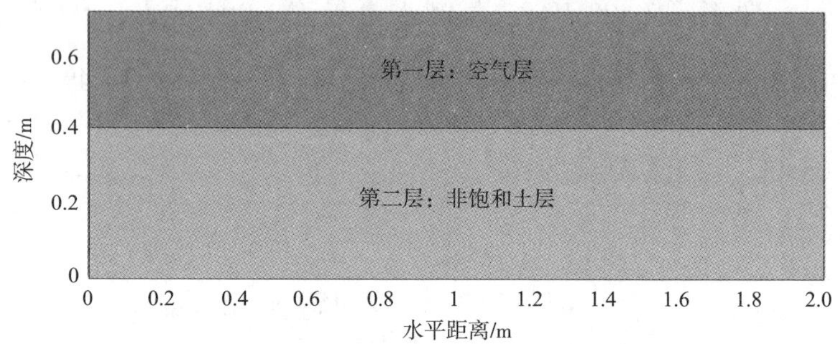

图5-6　非饱和黄土基层界面回波分析数值模型

本模型的水平距离为2.0m，探测深度为0.7m，单元格大小为0.0025m×0.0025m，时间测深为20ns，分为第一层也就是表层相对介电常数为0，电导率为0.00S/m，厚度为30cm，第二层也就是非饱和黄土层相对介电常数分别为5、10、20、30、40、50，电导率为0.00001S/m，厚度为40cm；子波主频设置为900MHz，激励源为Ricker子波，通过180道计算步，每个计算步为3391次。最终成像如图5-7所示。

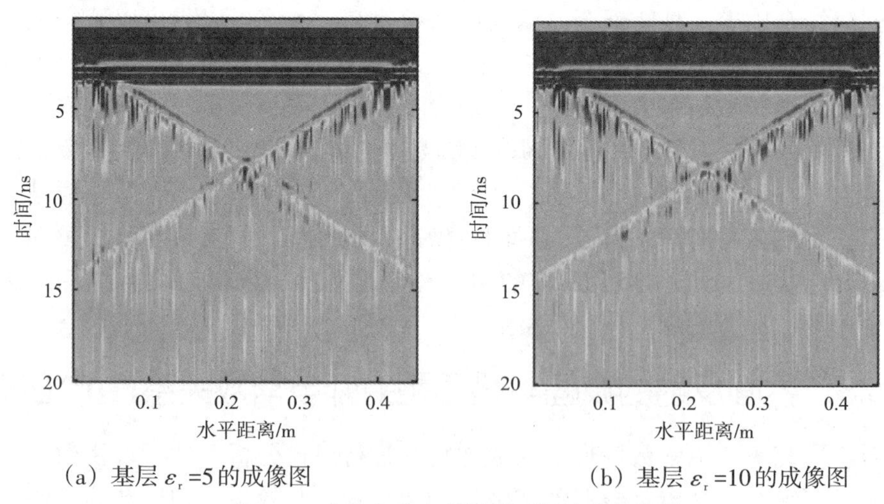

（a）基层 ε_r =5的成像图　　（b）基层 ε_r =10的成像图

图5-7　非饱和黄土基层界面回波成像结果

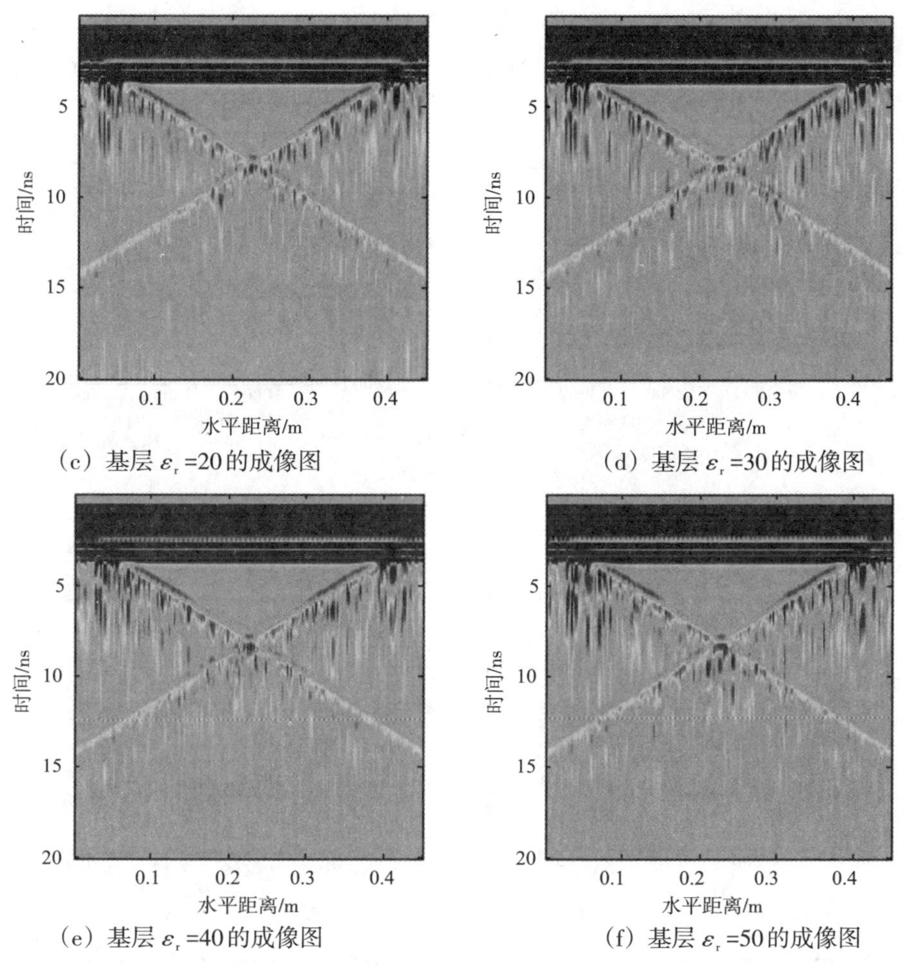

(c) 基层 ε_r =20的成像图

(d) 基层 ε_r =30的成像图

(e) 基层 ε_r =40的成像图

(f) 基层 ε_r =50的成像图

图5-7 非饱和黄土基层界面回波成像结果（续）

根据非饱和土的含水率特征，观察地质雷达波在不同含水率界面的反射特征，设置黄土的相对介电常数并进行模拟计算，从而得到如图5-7所示的基层非饱和黄土的相对介电常数分别为5、10、20、30、40、50的反射成像图。图5-7（a）~（f）地质雷达波的界面反射变化趋势明显，其中在3ns左右的反射波幅也呈现逐渐增加的趋势。结合非饱和黄土相对介电常数与含水率的关系，说明随着非饱和黄土中含水率增加，相对介电常数随之增加而产生的土层界面反射明显增强，但是仅在成像剖面图中并不能给予量化性的描述，需要对波幅的幅值加以对比分析。

提取非饱和土界面反射各个数据的第90道单条波列，通过MATLAB可对波形显示，具体的波列特征如图5-8所示。

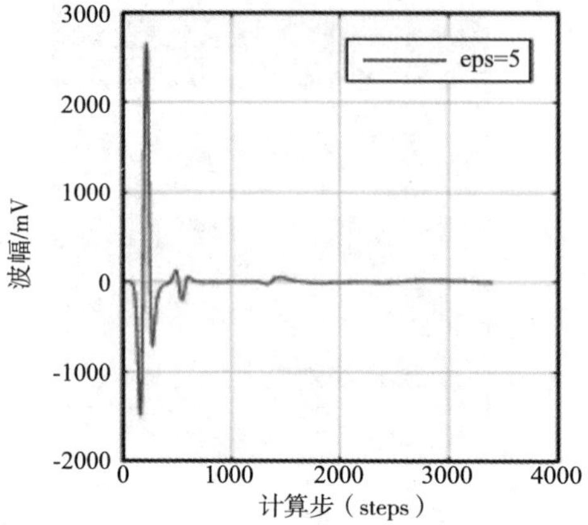

（a）基层 ε_r =5的波列图

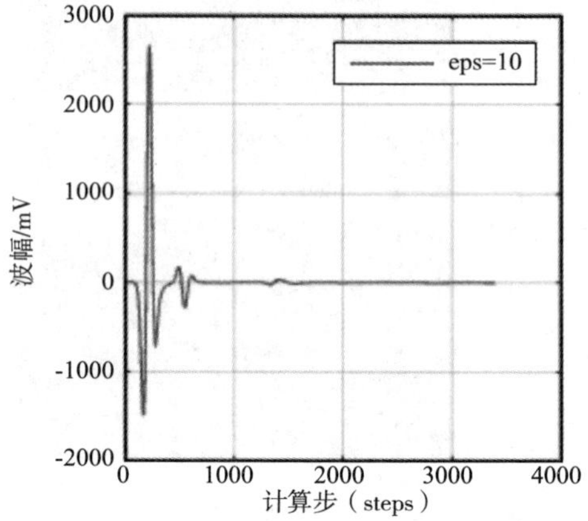

（b）基层 ε_r =10的波列图

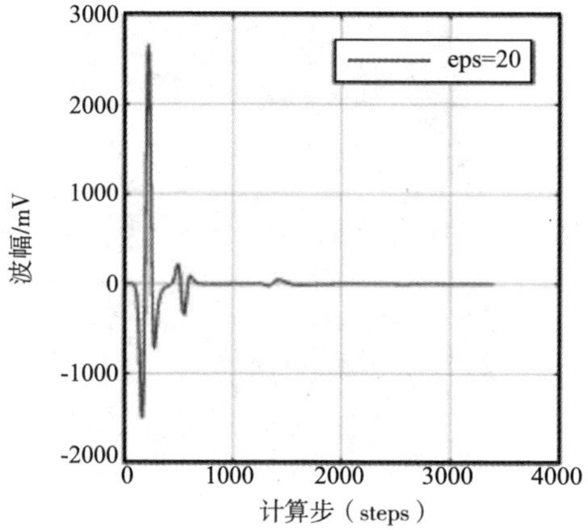

（c）基层 ε_r =20的波列图

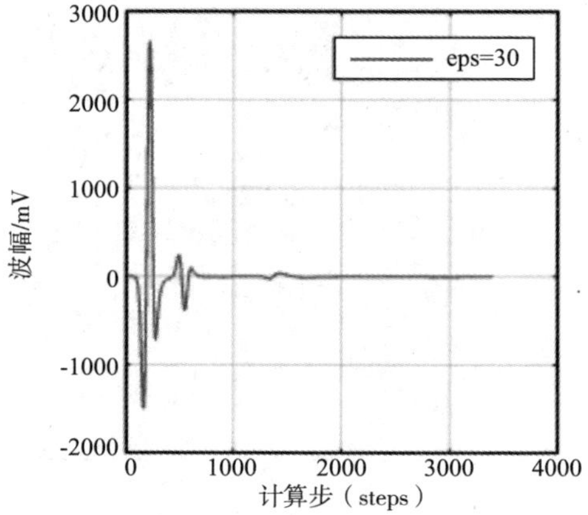

（d）基层 ε_r =30的波列图

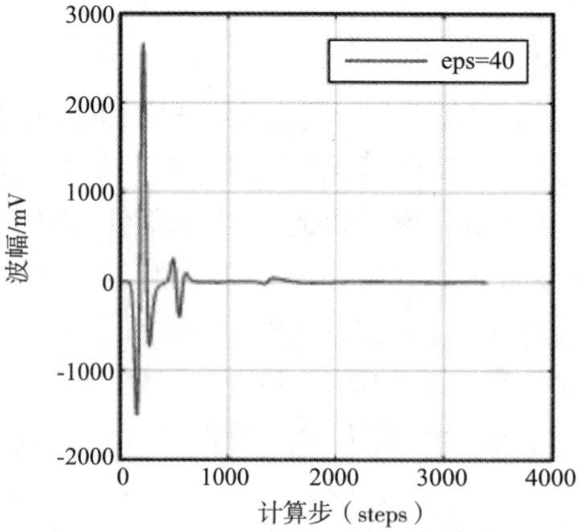

（e）基层 ε_r =40的波列图

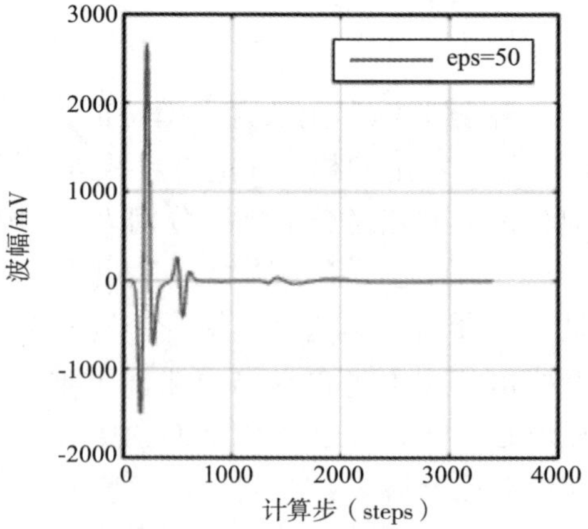

（f）基层 ε_r =50的波列图

图5–8　非饱和黄土基层界面回波波列图

由图5-8可知，波形图中存在两个主要反射面，其中第二道反射面是界面反射的有效幅值，通过对比各个图中的第二道反射面可以发现，随着非饱和黄土试样的相对介电常数增加，界面反射的幅值有逐渐增加的趋势，但单波列中由于表面波的强烈干扰，需要针对第二道反射波的数据提取并细化分析。根据雷达波在介质中的传播范围，提取子波波幅的极值点如图5-9所示。

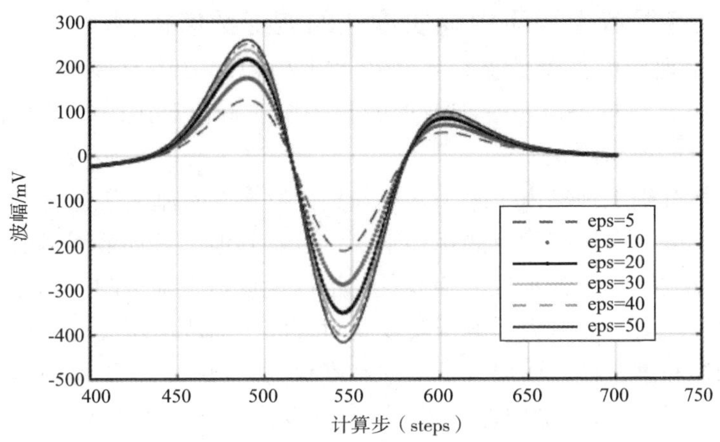

图5-9　不同相对介电常数试样的界面反射的波形分析

由图5-9可知，相对介电常数 $\varepsilon_r=5$ 的回波曲线在 *steps* =490时达到最大值124.37，*steps* =545时达到最小值-212.89；相对介电常数 $\varepsilon_r=10$ 的回波曲线在 *steps* =490时达到最大值173.19，*steps* =545时达到最小值-288.34；相对介电常数 $\varepsilon_r=20$ 的回波曲线在 *steps* =490时达到最大值214.77，*steps* =545时达到最小值-351.61；相对介电常数 $\varepsilon_r=30$ 的回波曲线在 *steps* =490时达到最大值235.61，*steps* =545时达到最小值-383.03；相对介电常数 $\varepsilon_r=40$ 的回波曲线在 *steps* =490时达到最大值248.89，*steps* =545时达到最小值-402.97；相对介电常数 $\varepsilon_r=50$ 的回波曲线在 *steps* =490时达到最大值258.37，*steps* =545时达到最小值-417.21；如表5-1所示。

表5-1　不同含水率黄土界面反射波幅极值

波幅/mV	$\varepsilon_r=5$	$\varepsilon_r=10$	$\varepsilon_r=20$
最大值	124.37	173.19	214.77
最小值	−212.89	−288.34	−351.61
波幅/mV	$\varepsilon_r=30$	$\varepsilon_r=40$	$\varepsilon_r=50$
最大值	235.61	248.89	258.37
最小值	−383.03	−402.97	−417.21

截取波幅时，回波曲线在 *steps* =490 时达到最大值， *steps* =545 时达到最小值，显然随着黄土层相对介电常数由5增加至50时，回波的波峰、波谷幅值增加约1倍。

5.4 多层地质中的地质雷达回波计算模型

5.4.1 多层黄土地质中地质雷达的波形数值模拟

针对多层地质的二维数据，本书以数值模拟的方法对多层地质进行分析，从模型的介电参数形态以及一维波形的波幅反射特征对比，即可对相关的数学计算模型进行验证与修正。

黄土高填方施工现场由于施工工期长，天气多变且施工工艺复杂，取土过程中并非是压实度与含水率稳定的扰动土等，以及其他诸多环境因素的限制，填土体会出现局部欠压实或含水过饱和现象，根据现场填土施工的具体流程与工程实际，考虑到深层填土受重力影响压实度相对较高，而浅层压实度相对较低；深层填土的含水饱和度较低，浅层填土的饱和度较高。根据以上思路建立时域有限差分数值地电模型，各分层的厚度、相对介电常数与电导率如表5-2所示。

表5-2　地质背景对目标体的成像影响方案表

	相对介电常数	电导率/(S/m)	分层厚度/m
地层一	5	0.000001	0.3
地层二	10	0.000001	0.3
地层三	15	0.000001	0.3
地层四	20	0.000001	0.3

本节对多层黄土地质模型设计如图5-10所示。

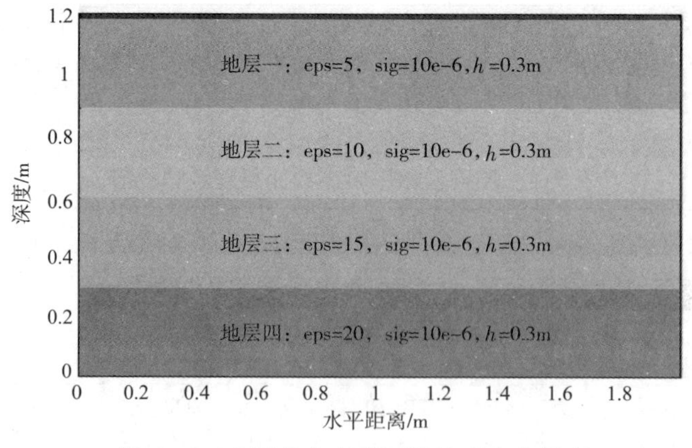

图5-10　多层黄土介质层的地质介电模型

模型水平距离为2.0m，探测深度为1.2m，单元格大小为0.0025m×0.0025m，时间测深为40ns，地层一的相对介电常数为5，电导率为0.000001S/m，地层厚度为30cm；地层二的相对介电常数为10，电导率为0.000001S/m，地层厚度为30cm；地层三的相对介电常数为15，电导率为0.000001S/m，地层厚度为30cm；地层四的相对介电常数为20，电导率为0.000001S/m，地层厚度为30cm。其成像特征如图5-11所示。

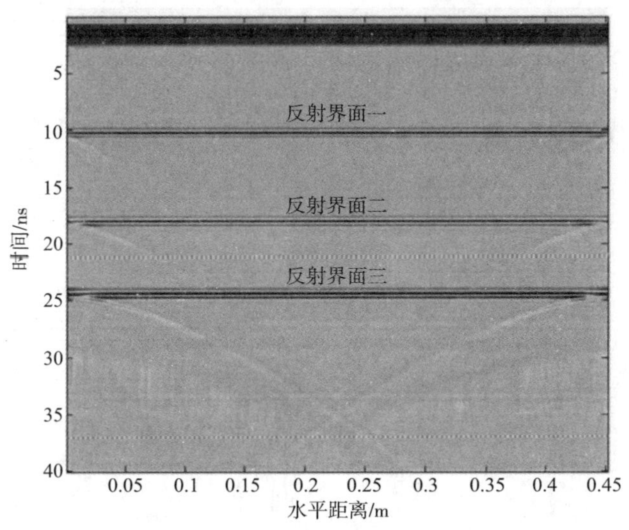

图5-11 多层黄土介质层的地质介电成像特征图

图5-11是模拟多层黄土地质的成像效果图，设置子波主频为900MHz，激励源为Ricker子波，通过180道计算步，每个计算步为6784次。为了有效地区分各分层的界面反射特征，特意设置不同层的黄土介质相对介电常数具有较为明显的差异。通过对四层黄土介质的探测模拟效果，可得到如下分析结果：首先，由于表层黄土的相对介电常数较小，因此，电磁波旅行时间最长，显示的时间深度也最为长，约11ns，地质雷达电磁波在土层二的旅行时间约为8ns，地质雷达电磁波在土层三的旅行时间约为6ns，地质雷达电磁波在土层四的旅行时间约为5ns；其次，除去子波特征波的界面最为明显，而反射界面一与反射界面二的波幅类似，而反射界面三的强度相对较强。

为了进一步区分各分层相对介电常数变化引起的波幅增加程度，本书针对第90道数据提取后加以对比分析，如图5-12所示。

由图5-12可知，整体波列图中，各个反射界面的幅度并不是很明显，但仍存在三个反射波幅，通过对表层子波的过滤，可以明显地区分各个界面反射波的特征，反射界面一与反射界面二的波幅较为类似，因为界面一的反射特征是从相对介电常数为5的土层进入相对介电常数为10的土层，相差为5，差距类似，而反射界面三的波幅较为强烈，或为多次波的叠加结果而成。

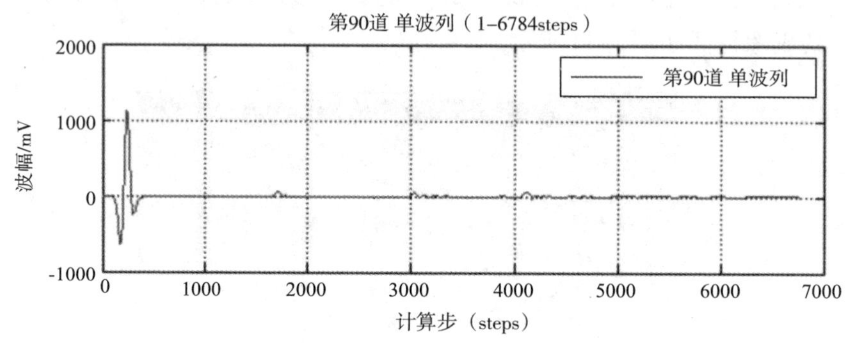

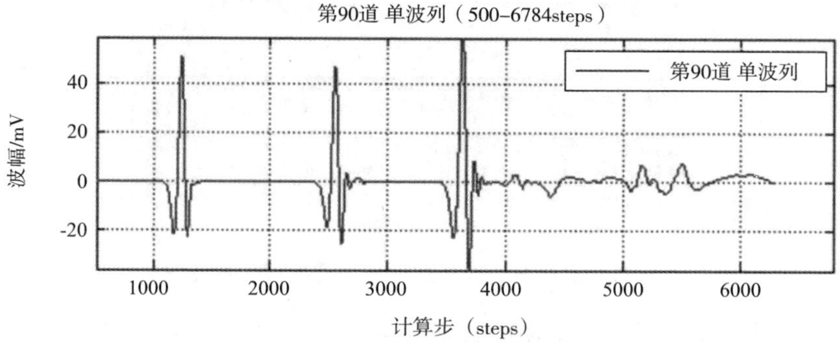

图5–12　各分层反射波幅的单波列图

在初始模型中的土层深度是一致的，均为0.3m，然而，从正演之后的成像特征图，以及单波列的反射层的视深度来看，各层的正演深度并不一致，体现为逐层深度减小的特征。在正演模型中，由于波形图以及波幅图中体现的是电磁波旅行时间，而电磁波在各层的旅行速度并不一致，前文中提出，相对介电常数越大，电磁波速度越低，因此在相同的时域中，图像中体现的较高相对介电常数的地层就会有较长的旅行时间。

通过对二维数据的波形数据提取，针对各个反射界面的波幅提取波形的峰值点，如图5–13所示。

由图5–13可知，子波的特征波幅最为明显，峰值点为1119.82mV，而界面一的反射波幅波谷峰值为–22.72mV，波峰峰值为51.05mV，界面二的反射波幅波谷峰值为-26.31mV，波峰峰值为46.47mV，界面三的反射波幅波谷峰值为-36.27mV，波峰峰值为58.80mV。

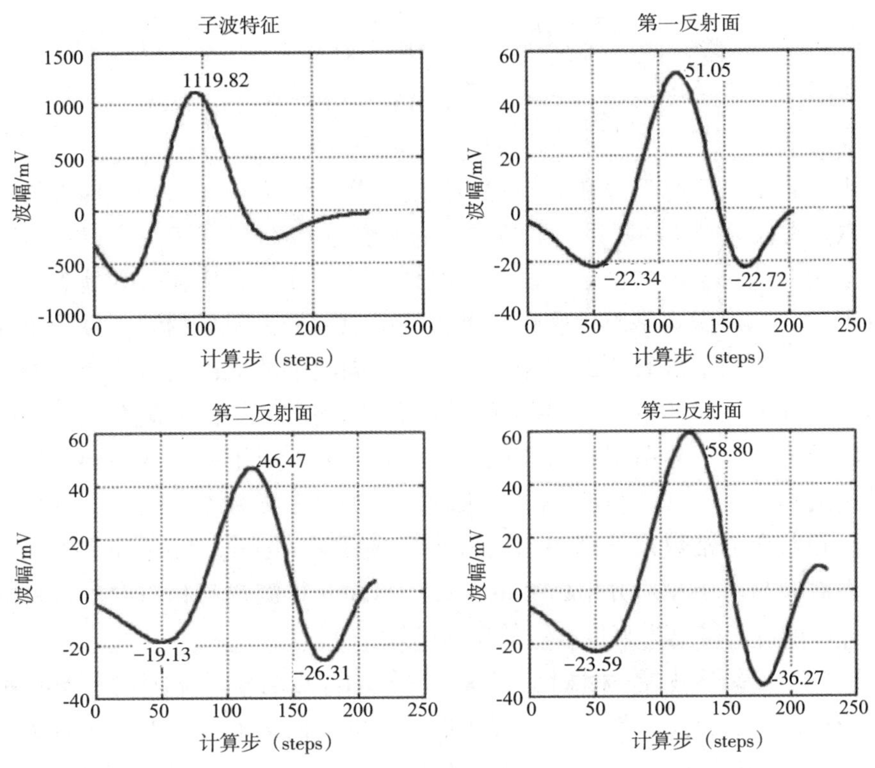

图5-13 各分层反射波幅对比图

在实际探测过程中，为了进一步揭示深层填土的物理性能，需要对各层的相对介电常数进行较为准确的递推计算。

在正演模型中，不同的相对介电常数分层中出现较为明显的反射波幅，提取波幅幅值可以得出相关的数值，也就可以根据数学模型计算公式加以验证。例如面层与基层之间的反射波，是理论上的第一道反射界面，是由空气进入黄土体界面的折射、第一层黄土与第二层黄土的界面的反射、从表层黄土再至表面空气的折射，最终进入空气被接收的地质雷达波信号。假设入射波为单位能量信号，那么各个层面的界面反射系数分别为：

$$R_{1t}=\frac{\sqrt{\varepsilon_0}-\sqrt{\varepsilon_1}}{\sqrt{\varepsilon_0}+\sqrt{\varepsilon_1}}=\frac{\sqrt{1}-\sqrt{5}}{\sqrt{1}+\sqrt{5}}=-0.382$$

$$R_{2t}=\frac{\sqrt{\varepsilon_1}-\sqrt{\varepsilon_2}}{\sqrt{\varepsilon_1}+\sqrt{\varepsilon_2}}=\frac{\sqrt{5}-\sqrt{10}}{\sqrt{5}+\sqrt{10}}=-0.172$$

$$R_{3t}=\frac{\sqrt{\varepsilon_2}-\sqrt{\varepsilon_3}}{\sqrt{\varepsilon_2}+\sqrt{\varepsilon_3}}=\frac{\sqrt{10}-\sqrt{15}}{\sqrt{10}+\sqrt{15}}=-0.101$$

$$R_{4t}=\frac{\sqrt{\varepsilon_3}-\sqrt{\varepsilon_4}}{\sqrt{\varepsilon_3}+\sqrt{\varepsilon_4}}=\frac{\sqrt{15}-\sqrt{20}}{\sqrt{15}+\sqrt{20}}=-0.130$$

可以看出，反射系数和振幅的相似度较高，均为负向取值，回波波幅与反射系数存在较为密切的联系，通过递推的算法即可获得相关关系。

地质雷达的二维数据是由多条单波列褶积而成的，比较直观地表现为伪彩色图形式，常规做法是以伪彩色的褶积图中识别较为明显的同向轴作为介质反射面，本书依照常规做法的思路，进一步对同向轴的成因进行分析。同向轴是具有相同介电性能的界面反射形成，因而不同介质的界面之间存在不同的相对介电常数差异，正是由于相对介电常数的差异才形成了波幅的差异，按照前文总结出的相对介电常数与波幅关系机理，相对介电常数差异越大，反射波幅越明显，相对介电常数差异越小，反射波幅越模糊。因此，尝试建立黄土地层中的反射波幅与基层相对介电常数的关系，从而获得波幅与相对介电常数的经验模型，以期待获得更为直接有效的反演结果。

5.4.2 基于波幅-相对介电常数模型的四层填土模型反演研究

地质雷达的反演计算中存在多解性的问题，而多解情形随着边界条件的增加会进一步得到约束，从而更趋近于真解。本书根据波幅-基层相对介电常数模型的特征，将波幅与相对介电常数的关系特征引入反演计算中，对四层模型的相对介电常数进行反演分析，提出结合反射系数法的反演思路。

由四层模型入手，存在如下基本关系：

设填方层各层介质分布均匀，其相对介电常数为 ε_1、ε_2、ε_3、ε_4，厚度为 h_1、h_2、h_3、h_4，各层的地质雷达波单程旅行时间为 t_1、t_2、t_3、t_4。

因此填方层的探测厚度为：

$$h=h_1+h_2+h_3+h_4 \tag{5-31}$$

探测总时间：

$$t=2\times(t_1+t_2+t_3+t_4) \tag{5-32}$$

波速与相对介电常数的关系：

$$v_n=\frac{c}{\sqrt{\varepsilon_n}}=\frac{h_n}{\Delta t_n}$$

联立各式可得到：

$$
\begin{aligned}
&\frac{h}{c}=\frac{t_1}{\sqrt{\varepsilon_1}}+\frac{t_2}{\sqrt{\varepsilon_2}}+\frac{t_3}{\sqrt{\varepsilon_3}}+\frac{t_4}{\sqrt{\varepsilon_4}}\\
&h=h_1+h_2+h_3+h_4=1.2\text{（m）}\\
&t_1+t_2+t_3+t_4=14\text{（ns）}
\end{aligned}
\tag{5-33}
$$

式（5-33）为超静定方程，施加初步边值条件，设置分层厚度、限定波速大小，利用共轭梯度法，迭代16次，得出的是无约束条件下无数解法的其中一例，各分层的电磁波波速 v_1、v_2、v_3、v_4 分别为0.081m/ns、0.075m/ns、0.078m/ns、0.118m/ns，解得 ε_1、ε_2、ε_3、ε_4 相对介电常数值为：13.717、16.000、14.793、6.464。速度-深度的波速分布图如图5-14所示。

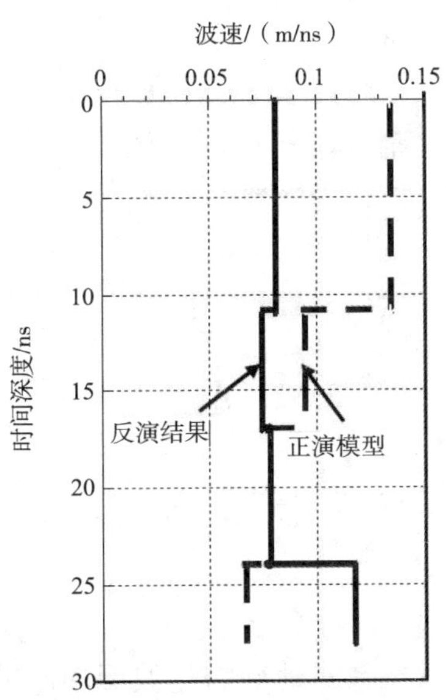

图5-14　无约束反演波速分布图

而根据波幅-基层相对介电常数模型计算所得的反射系数：

$$
R_1=\frac{\sqrt{\varepsilon_0}-\sqrt{\varepsilon_1}}{\sqrt{\varepsilon_0}+\sqrt{\varepsilon_1}}=\frac{v_1-v_0}{v_1+v_0}
$$

将其作为约束条件代入关系式，共轭梯度法迭代33次，可得到的各分层的电磁波波速 v_1、v_2、v_3、v_4 分别为0.134m/ns、0.090m/ns、0.077m/ns、0.067m/ns，解得 ε_1、ε_2、ε_3、ε_4 相对介电常数值为：5.012、11.111、15.180、20.049。

对比图5-14和图5-15，图5-14中的速度分布与正演模型中的匹配程度很低，说明在无约束情形下，对地层中的波速计算准确度很低，仅在第三层的预测中较为吻合，总体效果很不理想。而由图5-15波幅-基层相对介电常数约束33次迭代反演波速分布图分析可知，整体吻合度较高，第二层中波速误差为0.004m/ns，因此通过反射波幅进行约束的反演结果具有较为精准的效果。

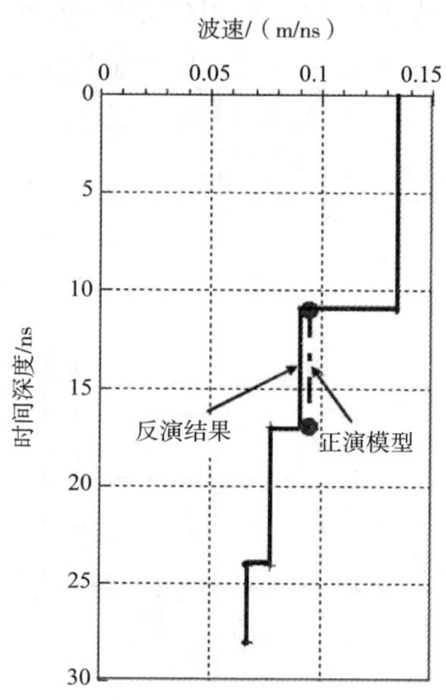

图5-15　有约束迭代反演波速分布图

5.5　小结

本章以现场探测中介电参数对地质雷达波形的影响及其变化幅值入手，对地质雷达实测数据中的波形提取并进行反射系数的推算；以正演的方法建立实际地质的反射波幅-相对介电常数的数理关系，通过共轭梯度及全局优化法获取现场填方各分层的电磁波波速的最优解，从而科学地解译研究不良地质体的性质。具体结论如下：

（1）地质雷达的电磁波在特殊界面的反射机理及规律如下：地质雷达波在金属介质体界面传播时，地质雷达波能量 E 全部反射；地质雷达波在空气界面传播时，地质雷达波信号完全透射，同时波幅及能量产生反转；地质雷达波在水界面反射率为0.99，折射部分仍具有一定的传播探测能力。

（2）以数值的方法对不同相对介电常数环境中的地质雷达波传播进行分析：非饱和黄土的相对介电常数值越大，界面反射的最大波幅与最小波幅的绝对值均为最大；而非饱和黄土的相对介电常数值越小，界面反射的最大波幅与最小波幅的绝对值均为最小。

6 土石坝病害探测实例分析

6.1 长安区石砭峪水库上游坝坡探测实例

6.1.1 项目概况

石砭峪水库位于秦岭北麓，西安市长安区五台乡境内，距西安市35km，坝址以上控制流域面积132km^2，多年平均流量3.1m^3/s，设计洪水流量420m^3/s，总库容0.26×10^{8}m^3，设计灌溉面积1.31×10^{4}ha，装机容量0.3万kW。主坝坝型为沥青混凝土斜墙堆石坝，最大坝高82.5m，坝顶长度285m，坝基岩石为片麻花岗岩，坝体工程量208×10^{4}m^3。

（1）水库工程

主要泄洪方式为隧洞，水库枢纽工程由大坝、输水洞、泄洪洞及坝后电站组成，是集灌溉、防洪、发电和城市供水综合利用的中型水库。设计灌溉面积1.12×10^{4}ha，年发电量1700×10^{4}kW·h，每年可向西安市供水（3000~5000）×10^{4}m^3，是西安市黑河引水工程重要水源地之一。大坝采用定向爆破筑坝，沥青砼斜墙和复合土工膜防渗技术。

（2）石砭峪定向爆破堆石坝

石砭峪定向爆破堆石坝位于中国陕西省西安市长安区境内秦岭北麓的石砭峪河下游，距西安市35km，水库以灌溉、城市供水为主，兼有发电、防洪等综合效益。水库总库容为2810×10^{4}m^3，有效库容2650×10^{4}m^3，设计灌溉面积1.12×10^{4}ha，向西安市年供水3000×10^{4}m^3；水电站装机容量3MW，年发电量1700×10^{4}kW·h。

（3）坝址

坝址处控制流域面积132km^2，多年平均径流量9700×10^{4}m^3。枢纽主要水工建筑物按3级建筑物设计，设计洪水标准为百年一遇洪水，洪峰流量650m^3/s；校核洪水标准为1000年一遇洪水，洪峰流量1080m^3/s；保坝洪峰流量为2000m^3/s。坝址为U形河谷，河床宽70～90m，两岸地势陡峻，左岸平均坡度为55°，相应高差250～300m，为设计坝高的3～4倍，山体雄厚；右岸山体高度150～200m，平均坡度为46°，山体宽约100m；河床漂砾石层厚15～19m，两岸山麓坡积层厚5～33m；坝址区岩性为片麻花岗岩，无断层通过和不良地质条件；坝址附近缺乏防渗土料。这种地形地质条件适于采用定向爆破沥青混凝土斜墙堆石坝。

（4）枢纽工程

枢纽工程由大坝、输水洞、泄洪洞和两级水电站组成。

大坝为定向爆破堆石坝，最大坝高85m，坝顶长度265m，坝顶宽度7.5m，上游坝坡为1∶1.7～1∶2.25，下游坝坡为1∶1.85～1∶2，坝体总量$208\times10^4m^3$，其中定向爆破堆石坝体$144\times10^4m^3$，人工填筑量$64\times10^4m^3$。沥青混凝土防渗斜墙采用不设排水层的简式断面，其断面结构自下而上依次为干砌石垫层、沥青混凝土整平胶结层、沥青混凝土防渗层及沥青胶封闭层，斜墙厚度按水头分别采用32cm、27cm及22cm，斜墙与岸边及截水墙连接设混凝土基座及铺设滑动接头。河床坝基采用倒挂井式人工垂直开挖混凝土防渗墙，最大深度为21.8m，周边采用灌浆帷幕防渗。

输水洞位于左岸，兼作导流、灌溉、发电、供水和泄洪，为圆形压力隧洞，洞径为4m，设计最大泄量$192m^3/s$，灌溉引水流量$10m^3/s$。

泄洪洞位于右岸，为城门洞形无压隧洞，洞宽8m，洞高9～16m，设计最大泄量为$808m^3/s$。

（5）定向爆破

工程于1972年开工，进行导流洞及左岸主爆区和右岸副爆区的导硐、药室施工。1973年5月10日进行了定向爆破，总装药量1589t，爆破方量$236\times10^4m^3$，上坝方量$144\times10^4m^3$，上坝率60.7%，平均堆积高度57.3m，最低堆积高度51m，顶宽70m，上游平均坡度为1∶3，下游平均坡度为1∶3.2，底宽370m，上坝单位耗药量为$1.058kg/m^3$，是当时中国装药量最大的定向爆破筑坝。定向爆破筑坝时，对岩体抛掷、应变、震动、堆积效果、地形和工程地质变化等进行了系统的观测研究，取得了大量的科学数据。观测成果表明，爆破抛掷上坝率高，堆积体比较集中，高度理想，马鞍形并不显著，堆积体密实度较高，单位耗药量较小，爆破对导流隧洞及附近建筑物的安全没有产生不利的影响，定向爆破筑坝是成功的。其主要效果是：抛掷定向右岸坝轴线向上游偏移约4°；爆破和上坝方量及堆积高度与设计吻合或有较大提高；实测坝体平均孔隙率为24.5%，在低水位时爆破堆积体渗水量仅0.8m³/s，爆破后6个月坝体沉陷量仅50cm，爆破堆石体级配良好，密度较大。

（6）水库运行

水库蓄水运行后曾于1980年、1992年、1993年发生渗漏，实测坝后最大渗漏量达1.72m³/s，为此水库降低水位运行。坝后产生渗漏的主要原因，是由于坝体人工填筑部分级配不良和右岸原坡积层在沥青混凝土斜墙铺筑时未予以清除造成隐患，致使防渗斜墙发生裂缝及坍坑引起渗漏。为此，于2000年1～6月对坝体浅层堆石体采取充填灌浆及沥青混凝土防渗斜墙表面铺设复合土工膜等加固处理措施，水库仍继续向灌区和西安市供水。

工程主要土石方量300×10^4m³，其中洞挖石方12×10^4m³；混凝土量2.6×10^4m³；沥青混凝土量1.3×10^4m³。工程总投资为9500万元。

6.1.2　探测方法

地质雷达作为一种岩土工程应用中的新思路和新方法，在具体的工程应用中具有方便灵活的使用技巧，本书结合相对介电常数性质及其特征图像的正反演研究，对黄土地区土石坝的裂缝及其溶蚀、脱空现象进行实际检测及分析。

本次检测工作包含大坝顶部的渗漏检测、上游面板的裂缝及脱空检测、大坝坝肩的防渗效果检测等内容。首先，检测人员对大坝坝顶、坝肩及上游面板的检测环境进行巡视检查，初步查明坝体可能存在的缺陷和异常的部位；同时，针对上游面板作业环境较差的情况，检测人员对上游面板进行二次详查，如图6-1所示。通过细致的检查确保在地质雷达检测上游面板的过程中，无金属管线等强反射物体对检测过程产生严重干扰。

图6-1　现场检查工作

确保地质雷达探测有良好的作业环境之后，为增加检测结果的可靠性，提高检测数据的精确度，检测人员对大坝坝顶和上游坝面的基本设计尺寸进行了复核。在此基础上，检测人员对坝顶测线及测点进行了标定，并复核了每条测线的长度和方向，如图6-2所示。最终，由检测人员对大坝整体进行了全面细致的检测。

图6-2 现场标定及检测

无损检测作业完成后，需及时对检测数据进行处理、分析，得出检测结果，并编写检测报告。

6.1.3 测网布置和定位

根据无损检测区域的整体特点，测网布置范围为大坝坝顶、两岸坝肩和上游水位以上面板部位。在上述范围内共布置了11条测线，其中水平测线4条，横向测线7条，如图6-3所示。各条测线布置情况如下：

①坝顶和左右岸坝肩整体布置一条测线，在测线上采用点测方式每10m设一个测点，最终得到左岸坝肩测点9个，右岸坝肩测点5个，坝顶测点25个，每个测点采用80MHz天线进行检测；

②由于上游坝面水下部位不具备地质雷达检测条件，对上游坝面水上混凝土面板进行了重点检测，在当日蓄水位723.00m至坝顶之间布置了3条水平测线、7条横向测线。由于受限于现场实际情况，使用400MHz天线并采用连续测量方式进行检测。

测线采用常规的打标定位，采集过程为匀速进行，以便根据采集图像有效区域的宽度，等比放大到实际区域的方法来进行精确定位，可较为全面、完整地检测出坝顶、上游坝面的内部实际情况。

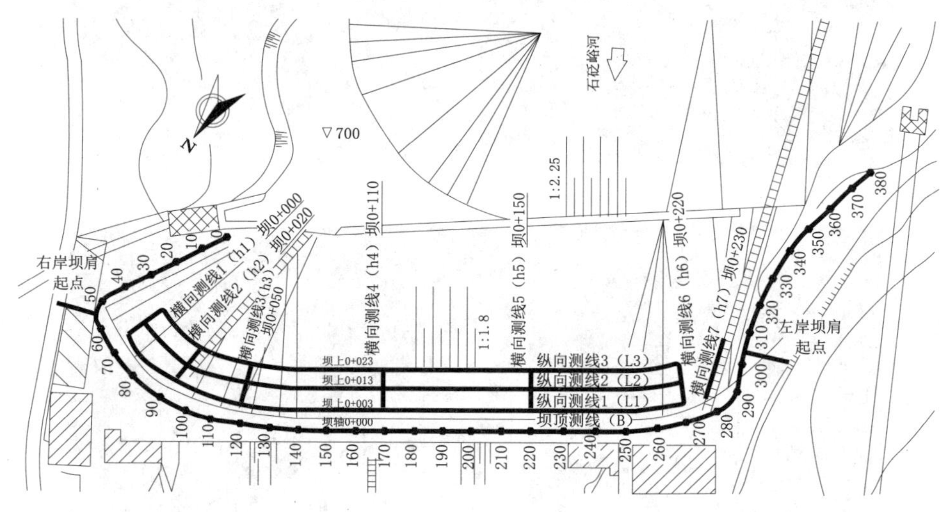

图6-3 测线布置图

表6-1为测线的编号及其对应测线名称的汇总表。

表6-1 测线编号及名称汇总表

编号	L1	L2	L3	h1	h2	h3	h4	h5	h6	h7	B
测线名称	纵向测线1	纵向测线2	纵向测线3	横向测线1	横向测线2	横向测线3	横向测线4	横向测线5	横向测线6	横向测线7	坝顶测线
桩号	坝上0+003	坝上0+013	坝上0+023	坝0+000	坝0+020	坝0+050	坝0+100	坝0+150	坝0+220	坝0+230	坝轴0+000

6.1.4 实测数据分析

本次工作采用地质雷达数据处理与成图软件进行数据处理，常规处理方式为：先分离通道数据，调整检测表面信号；选择合适的材料介电常数；薄弱信号处可采取相关叠加增强型号；此外，还可根据实际情况选取滤波、反褶积、偏移等高级处理方式，最终根据数据处理资料进行推断解释。

通过对雷达图像的分析（图6–4），可以辨别出石砭峪水库上游混凝土板具有的板间结构缝、缆线、脱空等特征。限于篇幅，本书仅对典型的结构缺陷、病害特征进行展示分析。

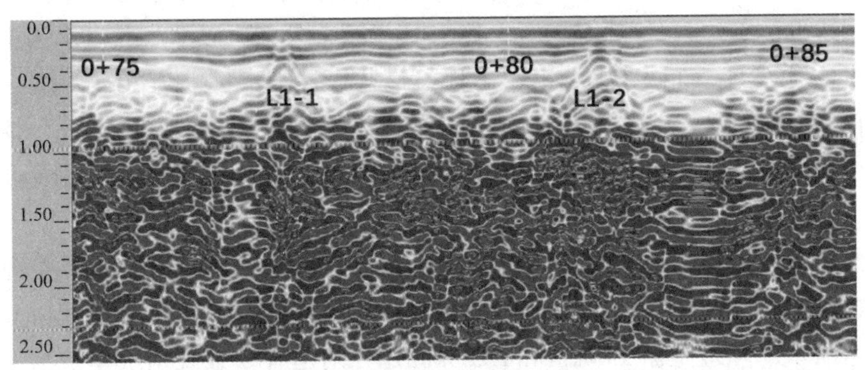

（a）0+75m~0+85m

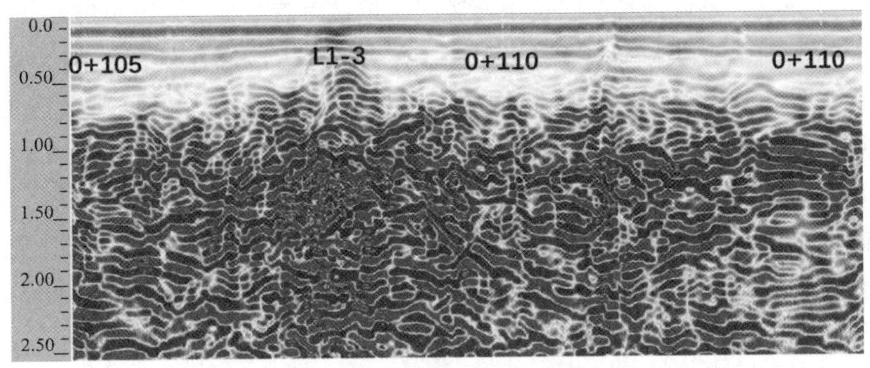

（b）0+105m~0+110m

图6–4 地质雷达实测扫描局部图像

特征点中L1–1、L1–2为明显双曲线特征，较为规律，呈弧形反射，反射能量变化较大，为竖向带状波形分布，且判断为距离地表较近，根据上游坝坡的实际情况推断为混凝土面板板间结构缝，属于正常接缝。

但L1-3的双曲线特征延伸段较长，且深部存在非常明显的反射特征，推断为板后防水层缺陷引起局部渗水。

6.2 大峪河水库上游坝坡探测实例

6.2.1 项目概况

（1）地理位置

大峪河水库位于渭河一级支流北洛河支流大峪河下游永丰镇以北3.0km处，距入洛河口2.0km，距离蒲城县城30.0km，工程地理位置如图6-5所示。该工程于1974年8月由蒲城县水工队开始勘测设计，由永丰镇政府组织当地群众建设，属边勘测、边设计、边施工的“三边工程”，是一座以灌溉、供水为主，结合防洪的Ⅳ等小（1）型水利枢纽工程，最初设计洪水标准为20年一遇，设计洪水位为397.80m，校核洪水标准为百年一遇，校核洪水位为398.80m，枢纽工程最初主要由均质土坝、溢洪道、放水卧管、抽水站和引水隧洞五部分组成。

（2）流域

大峪河属渭河水系北洛河一级支流，发源于黄龙山脉佛爷岭，源头海拔高程1600m左右。河道总长87.8km，全流域面积479.2km^2，河床平均比降6.7‰。在大峪河水库坝址上游2.00km和20.85km处分别建有“景观挡水建筑物”和胜利水库，大峪河水库坝址至胜利水库坝址区间流域面积为52.5km^2，区间河槽平均比降为3.5‰。流域地貌属于黄土台塬区，植被以蒿草为主，覆盖极差。

大峪河流域属大陆性季风气候区，冬季受蒙古冷高压气团控制，寒冷少雨；夏季受西太平洋副热带高压影响，炎热多雨，兼有伏旱。据蒲城县气象站资料统计，年平均气温13.3℃，绝对最高气温41.8℃，绝对最低气温-16.3℃；多年平均降雨量500mm，多年平均风速2.8m/s，多年平均最大风速17.1m/s。

降雨为本流域径流的主要补给源，降雨的年内及年际分配不均，差异较大，受降雨的影响，径流的年内与年际变化差异较大。

（3）地质地层

工程区位于渭北黄土台塬区，台塬呈东西向带状分布。地形开阔平坦，微波状起伏，库区海拔高程380.00~420.00m，塬边未发现古河道，大峪河由东向西，下切黄土塬面深度40m，库区左右岸均为宽厚的黄土塬，无单薄分水岭。塬面裸露，植被极差。

库区属第四纪不同成因的松散地层，分布于不同地貌单元，按其性质，大

致可分为三层：

① 389.00m高程以下为下更新统红色中-重亚黏土层，组织细密、坚硬，渗透性弱，总厚在150m以上，构成水库良好的基座。

② 389.00~392.00m高程普遍分布厚约3m的砂卵石层，组织粒密实，局部微胶结，其成分以石英岩、砂岩、灰岩为主，磨圆质粒好，粒径一般为3~5cm，大者10cm以上。分布高程为东北高而西南低，渗透性强。初始管涌坡降为0.25，是该库区渗漏及绕坝渗漏的主要通道。

③ 砂卵石层以上为中更新统河流冲积灰黄色粉土质轻亚黏土层，厚30m左右，为弱透水层。

本区出露地层岩性由老至新为：

① 奥陶系中统（O_2）：灰-深灰色灰岩，出露于苏家河及党家湾电站以北。

② 第三系上新统（N_2）：浅红色壤土夹黏土、砂卵石等，底部为暗灰色砂砾岩，出露于河谷岸边。

③ 第四系（Q）：风积堆黄土、风洪积堆积黄土状壤土，为黄土台塬和二、三级阶地上部的主要堆积物，黄土疏松多孔，垂直节理发育，黄土状壤土稍密-硬塑夹多层谷壤层。

冲积堆积壤土和砂、砂卵石，分布于河流阶地下部及漫滩，壤土软塑-可塑，砂、砂卵石疏松-稍密。

本区位于汾渭断陷盆地的北部边缘与鄂尔多斯地台交汇地带，受祁吕贺山字型构造体系的影响，发育了一系列北东向和近西向的断裂构造。

坝区地下水主要为基岩岩溶水及第四系松散层孔隙水。

基岩岩溶水：主要埋藏于奥陶系灰岩中，水位高程374.00m左右，水量丰富，受区域岩溶影响，连通性好，水力坡度平缓，受大气降水及上覆第四系松散孔隙水的补给，在洛河河谷以上升泉形式排泄。

第四系松散孔隙潜水：主要埋藏于第四系松散堆积物中，含水层为第四系冲积砂卵石及粉细砂、沙壤土、壤土，受大气降水补给，排向洛河或下伏灰岩。

6.2.2　现场探测

测线说明：根据上游坝坡实际情况，既需要衬护结构的完整性探测，同时也需要对基础的水侵蚀进行探测，因此对坝坡分为三条测线，每条测线使用400MHz进行扫描，以期获得较为全面的衬护结构及基础的病害位置及深度。具体地理位置及测线布置如图6-5所示，现场探测作业如图6-6所示。

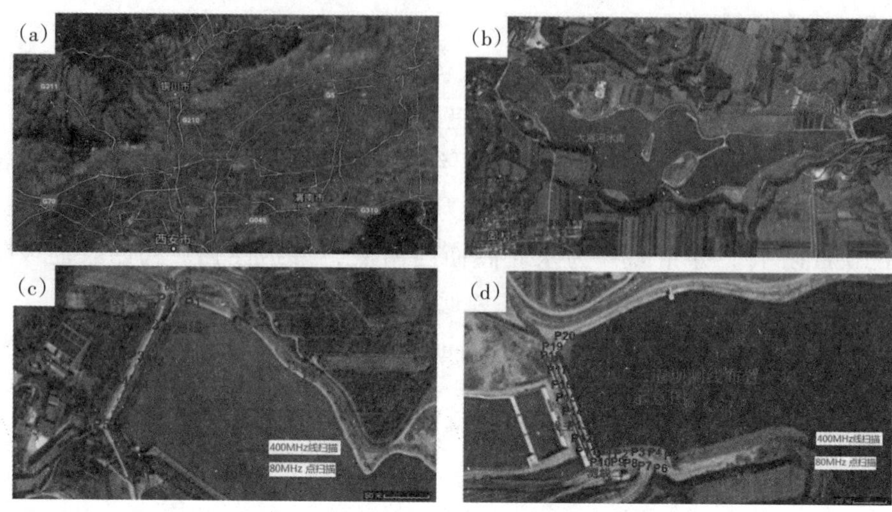

图6-5　大峪河地理位置及测线布置

图6-6　现场作业

6.2.3　数据分析

地质雷达数据处理的目的是为了压制干扰，以尽可能高的分辨率在图像剖面上显示反射波，提取反射波的各种有用的参数（包括电磁波速度、振幅和波形等）来帮助解释。由于雷达波与地震波理论的相似性，以及它们采集数据方式的类同，目前地质雷达数据处理方法主要是移植地震数据处理方法。主要包括时间域和频率域的高低通滤波、带通滤波、偏移绕射处理、反褶积、图像增强等。

基本数据处理流程如下：

（1）信号校正。消除仪器的静噪声干扰。

（2）信号增益。电磁波在地下传播过程中，由于吸收衰减和球面扩散等因素的作用，造成接收到的深、浅部电磁波信号强度差别非常大，给显示、分析、解释带来一定困难。信号增益对电磁波在球面扩散和吸收衰减作用下造成的电磁波能量衰减给予一定程度的补偿。信号增益的方法很多，如AGC增益、SEC增益、常数增益、自定义增益等。可根据资料的实际情况选择合适的增益方法。

（3）中值滤波。消除孤立奇异点和异常波形。

（4）平滑滤波。消除高频噪声干扰。

（5）一维频率滤波。野外施工可能有一定程度的干扰波存在，在时间域内有效波和干扰波往往叠加在一起。在频率域，有效波的频谱和干扰波的频谱往往在不同的频带内，利用带通滤波器能很好地保留有效频带，完全剔除噪声干扰。

（6）二维滤波。大部分探地雷达天线都是非屏蔽的，因此，探地雷达在接收来自地下信号的同时也会接收到来自地面干扰物（如墙壁、汽车、电线杆、高压线等）的反射信号，这时采用二维滤波可以很好地消除来自地面干扰物的反射信号。

（7）偏移成像。由于几何反射原理，探地雷达反射同相轴的形态和反射体的形态并不一致，特别是对于点状、球状和倾角较大的反射体，其差异更大。为了能使同相轴恢复到实际反射体的形态，就需要进行偏移成像处理。

以上地质雷达数据流程可以根据探测目的不同、采集数据质量的不同而取舍相应的步骤。

根据以上基本流程，本次合理使用数据处理步骤，所得典型截面的数据及解译如下。

电磁波的传播取决于物体的电性，物体的电性主要有电导率和介电常数，前者主要影响电磁波的穿透（探测）深度，在电导率适中的情况下，后者决定电磁波在该物体中的传播速度，因此，所谓电性介面也就是电磁波传播的速度介面。不同的地质体（物体）具有不同的电性，所以，在不同电性的地质体的分界面上，都会产生回波。且电磁波在介质传播过程中，当遇到相对介电常数明显变化的地质现象时，电磁波将产生反射及透射现象，其反射和透射能量的分配主要与异常变化界面的电磁波反射系数有关。

因此根据400MHz天线的探测剖面图（图6-7）可推断：LD2-1、LD2-2、LD2-3、LD2-5（400MHz）砼板底部充水、LD2-4为砼板间隙较大引起水体渗漏。

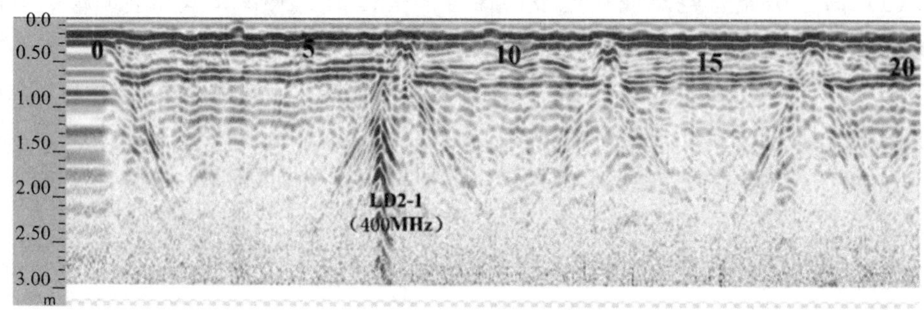

（a）0+00~0+20雷达扫描剖面图

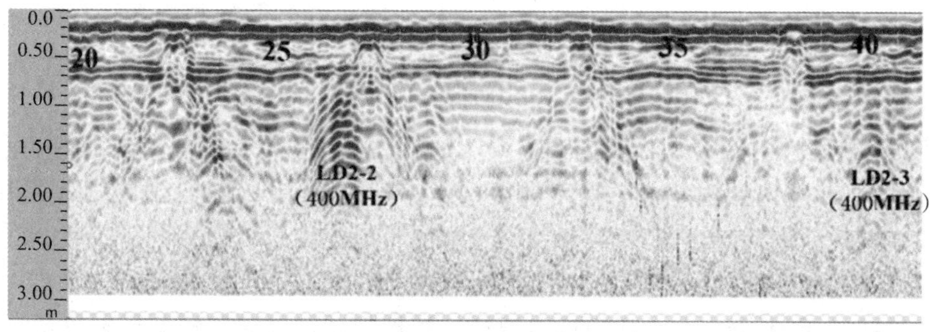

（b）0+20~0+40雷达扫描剖面图

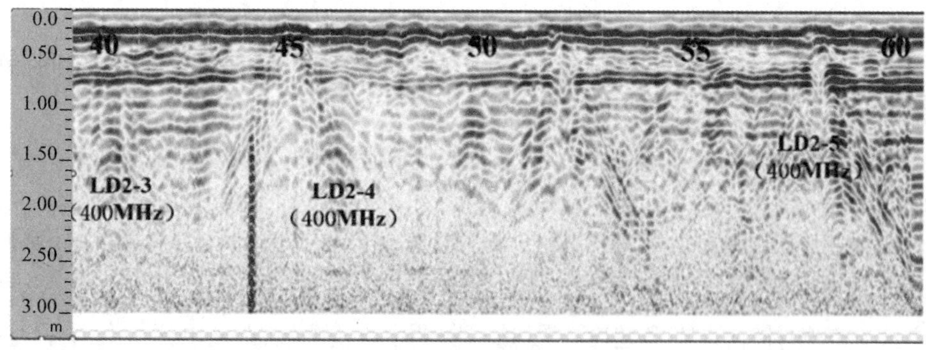

（c）0+40~0+60雷达扫描剖面图

图6-7　现场实测地质雷达剖面图（局部）

6.3 小结

本章对黄土地区土石坝的上游坝坡进行实际探测，由于上游坝坡是经受库水长期冲蚀的主要部位，该区域的破损及渗水极大威胁水库的安全。通过地质雷达方法对上游坝坡的结构面进行扫描，从实际效果来看，成果较为显著，可以直接探测得出坝坡的破损位置并进行针对性治理。本章主要结论：在黄土地区土石坝上游坝坡较容易出现破损现象，如（1）砼板底部存在不密实导致充填水体；（2）板间距较大，且受库水侵蚀导致土石流失形成空腔或水洞。建议采用及时灌浆等手段进行加固及修补，以避免进一步恶化。

7 展　望

本书对地质雷达技术在黄土地区土石坝裂缝溶蚀扩张的地质雷达成像特征进行了一系列研究与探索，通过室内试验、理论分析、数值模拟以及现场试验等方法，对地质雷达电磁波涉及的相关问题进行了全方位、多角度的研究，研究成果能够用于指导实际工程，但是黄土地区坝体仍然存在着各种自然以及人为因素的干扰，今后应在以下环节进行更加细致深入的研究：

（1）本书主要从均质黄土的角度去研究黄土相对介电常数与含水率的关系曲线，并进行数值模拟，下一步应从随机介质的思路去研究黄土相对介电常数变化趋势与规律，以及基于随机介质理论的数值模拟，以便获得更加准确翔实的结果。

（2）基于时域有限差分方法的地质雷达波正演成像研究目前并不完善，尤其在边界条件处理方面，需要进一步对电磁波的边界传播机理进行更深层次的研究与探索，这需要跨学科的合作与交流。

（3）地质雷达二维数据的后期处理中，仍然存在多解性的问题，尤其是在复杂地质环境中，许多不同介质却存在相同的介电特性，这使得地质雷达的探测方法出现非常大的失误，而这种误差的消除，可能需要更加精密的探测手段和技术方法。

实际探测中的主要不足：

（1）由于采样过程中环境和其他电磁干扰等问题，所得到的原始数据中可能会存在一些杂波信号，故分析出的结果可能会有一定的误差。

（2）结合该地质情况，考虑地表含水率较大，这样有可能导致测试结果和实际情况有一定的出入。

（3）由于雷达电磁波有一定的延迟性，因此在实际测试中，经多次测试并不断修正位置后得出的结论，仍然可能存在误差。

参考文献

[1] 唐洪祥，邵龙潭．地震动力作用下有限元土石坝边坡稳定性分析［J］．岩石力学与工程学报，2004（08）：1318-1324.

[2] 汝乃华，牛运光．土石坝的事故统计和分析［J］．大坝与安全，2001（01）：31-37.

[3] 刘祖德．土石坝变形计算的若干问题［J］．岩土工程学报，1983（01）：1-13.

[4] 刘杰，谢定松．我国土石坝渗流控制理论发展现状［J］．岩土工程学报，2011，33（05）：714-718.

[5] 姜树海，范子武．土石坝安全等级划分与防洪风险率评估［J］．水利学报，2008（01）：35-40.

[6] 谢定义．试论我国黄土力学研究中的若干新趋向［J］．岩土工程学报，2001（01）：3-13.

[7] 雷祥义．中国黄土的孔隙类型与湿陷性［J］．中国科学（B辑），1987（12）：1309-1318.

[8] 高国瑞．黄土显微结构分类与湿陷性［J］．中国科学，1980（12）：1203-1208.

[9] 杨杰，吴中如．大坝安全监控的国内外研究现状与发展［J］．西安理工大学学报，2002（01）：26-30.

[10] 杨杰，吴中如，顾冲时．大坝变形监测的BP网络模型与预报研究［J］．西安理工大学学报，2001（01）：25-29.

[11] 曾昭发，刘四新，刘少华．环境与工程地球物理的新进展［J］．地球物理学进展，2004（03）：486-491.

[12] 赵永贵．中国工程地球物理研究的进展与未来［J］．地球物理学进展，2002（02）：305-309.

[13] 敖昕，张英，向友国，赵克全．无损检测在三峡大坝混凝土质量检查中的应用［J］．三峡大学学报：自然科学版，2007（02）：133-135.

[14] 李术才，刘斌，孙怀凤，聂利超，钟世航，苏茂鑫，李貅，许振浩．隧道施工超前地质预报研究现状及发展趋势［J］．岩石力学与工程学报，2014，33（06）：1090-1113.

[15] 邓世坤，梅宝，胡朝彬．紫金山金-铜矿露天采矿场地下不明空区的地质雷达探测［J］．矿产与地质，2008（03）：255-260.

[16] 白冰，周健．地质雷达测试技术发展概况及其应用现状［J］．岩石力学与工程学报，2001（04）：527-531.

[17] Wensink W. A. Dielectric properties of wet soils in the frequency range 1-3000MHz［J］. Geotihvsical Prospecting. 1993（41）：671-696.

[18] Ernest T. Selig，Sundru Mansukhani. Relationship of Soil Moisture to the Dielectric Property［J］. Journal of the Geotechnical Engineering Division，1975，101（8）：755-770.

[19] J. R. Wang. The dielectric properties of soil-water mixtures at microwave frequencies [J] 1980, 15 (5): 977-985.

[20] G. C. Topp, J. L. Davis, A. P. Annan. Electromagnetic determination of soil water content: Measurements in coaxial transmission lines [J]. Water Resources Research. 1980, 16 (3): 574-582.

[21] Selig E T, Waters J M. Track geotechnology and substructure management [M]. Thomas Telford, 1994.

[22] Skierucha. Dependence of electromagnetic pulse propagation in the soil on its selected properties [M]. Institute of Agrophysics Polish Academy of Science. lublin. 1994.

[23] Laster H. Encyclopedia of Physics [J]. Science, 1966, 152 (3724): 951-951.

[24] Looyenga H. Dielectric constants of heterogeneous mixtures [J]. Physica, 1965, 31 (3): 401-406.

[25] Birchak, J. R. Gardner, C. G. Hipp. High Dielectric Constant Microwave Probes for Sensing Soil Moisture [M]. Proc. 1974, 62 (1): 93-98.

[26] Dobson, Ulaby, Hallikainen. Microwave dielectric behaviour of wet soil part II: dielectric mixing models [M]. Trans Geosci. Remote sensing, 1985, 23 (1): 35-46.

[27] Francesco Avanzi, Marco Carusoa, Cristina Jommib. Continuous-time monitoring of liquid water content in snowpacks using capacitance probes: A preliminary feasibility study [J]. Advances in Water Resources, 2014, 68 (2): 32-41.

[28] K. Kameyama, T. Miyamoto, T. Shiono. Influence of biochar incorporation on TDR-based soil water content measurements [J]. European Journal of Soil Science, 2014, 65 (1): 105-112.

[29] Tran A P, Vanclooster M, Zupanski M. Joint estimation of soil moisture profile and hydraulic parameters by ground penetrating radar data assimilation with maximum likelihood ensemble filter [J]. Water resources research, 2014, 50 (4): 3131-3146.

[30] Thring L M, Boddice D, Metje N. Factors affecting soil permittivity and proposals to obtain gravimetric water content from time domain reflectometry measurements [J]. Canadian Geotechnical Journal, 2014, 51 (11): 1303-1317.

[31] Maruyama Y, Numamoto Y, Saito H. Complementary analyses of fractal and dynamic water structures in protein-water mixtures and cheeses [J]. Colloids and Surfaces A: Physicochemical and Engineering Aspects, 2014, 440 (2): 42-48.

[32] Urban T M, Leon J F, Manning S W. High resolution GPR mapping of Late Bronze Age architecture at Kalavasos-Ayios Dhimitrios, Cyprus [J]. Journal of Applied Geophysics, 2014, 107 (4): 129-136.

[33] 刘丽娜. 基于遗传优化BP神经网络算法的土壤含水量反演研究 [D]. 电子科技大

学，2011.

［34］巨兆强. 中国几种典型土壤介电常数及其与含水量的关系［D］. 中国农业大学，2005.

［35］潘金梅，张立新，吴浩然，等. 土壤有机物质对土壤介电常数的影响［J］. 遥感学报，2012，16（1）：1-24.

［36］孙宇瑞. 非饱和土壤介电特性测量理论与方法的研究［D］. 中国农业大学，2000.

［37］胡庆荣. 含水含盐土壤介电特性实验研究及对雷达图像的响应分析［D］. 中国科学院研究生院，2003.

［38］朱安宁，吉丽青，张佳宝. 不同类型土壤介电常数与体积含水量经验关系研究［J］. 土壤学报，2011，48（2）：263-268.

［39］侯晓冬，郭秀军，贾永刚. 基于地质雷达回波信号获取污染土壤中污染物含量的研究进展［J］. 地球物理学进展，2008，23（3）：962-968.

［40］侯晓冬. 利用地质雷达（GPR）进行土中水油盐含量的快速确定研究［D］. 中国海洋大学，2008.

［41］王湘云，郭华东，王超. 干燥岩石的相对介电常数研究［J］. 科学通报，1999，44（13）：1384-1391.

［42］赵淑芳. 岩石介电常数与各种影响因素的关系［J］. 测井技术，1982，04：36-47.

［43］冯启宁，李晓明，郑和华. 1kHz～15MHz岩石介电常数的实验研究［J］. 地球物理学报，1995，S1：331-336.

［44］庞天海，武洪涛，陈克胜. 泥岩页岩介电常数测量仪及应用［J］. 钻采工艺，1995，03：46-50.

［45］张勇. 固体非均匀混合介质频域介电特性测量理论与方法研究［D］. 长安大学，2014.

［46］吴俊军，刘四新，董航. 基于开口同轴法的岩矿石样品介电常数测试［J］. 地球物理学报，2011，02：457-465.

［47］张春宇. 公路隧道衬砌介电常数理论试验与应用研究［D］. 长沙理工大学，2009.

［48］舒志乐. 隧道衬砌内空洞地质雷达探测正反演研究［D］. 重庆大学，2010.

［49］Yee K. Numerical solution of initial boundary value problems involving Maxwell′s equations in isotropic media［J］. Transactions on antennas and propagation，1966，14（3）：302-307.

［50］Taylor C，Lam D H，Shumpert T. Electromagnetic pulse scattering in time-varying inhomogeneous media［J］. Transactions on Antennas and Propagation，1969，17（5）：585-589.

［51］Taflove A，Brodwin M E. Numerical solution of steady-state electromagnetic scattering problems using the time-dependent Maxwell′s equations［J］. Transactions on microwave theory and techniques，1975，23（8）：623-630.

［52］Giannopoulos A. Modelling ground penetrating radar by GprMax［J］. Construction and building materials，2005，19（10）：755-762.

[53] Warren C，Giannopoulos A，Giannakis I. gprMax：Open source software to simulate electromagnetic wave propagation for Ground Penetrating Radar [J]. Computer Physics Communications，2016，209：163-170.

[54] Tillard S，Dubois J C. Analysis of GPR data：Wave propagation velocity determination [J]. Journal of Applied Geophysics，1995，33（1-3）：77-91.

[55] Rucker M L，Holmquist O C.Surface seismic methods for locating and tracing earth fissures and other significant discontinuities in cemented unsaturated soils and earthen structures [M]. Unsaturated Soils 2006. 2006：601-612.

[56] Yalciner C C. Investigation of the subsurface geometry of fissure-ridge travertine with GPR，Pamukkale，western Turkey [J]. Journal of Geophysics and Engineering，2013，10（3）：035001.

[57] Perez-Gracia V，García F G，Abad I R. GPR evaluation of the damage found in the reinforced concrete base of a block of flats：A case study [J]. NDT & e International，2008，41（5）：341-353.

[58] Avila-Olivera J A，Garduño-Monroy V H. A GPR study of subsidence-creep-fault processes in Morelia，Michoacán，Mexico [J]. Engineering Geology，2008，100（1-2）：69-81.

[59] 邓世坤，王惠镰．钱塘江护堤抛石铺盖的地质雷达试验 [J]. 地球科学-中国地质大学学报，1993，18（3）：345-351.

[60] 徐兴新，沈锦音．石灰岩地区水库隐患及渗漏通道地质雷达探测研究 [J]. 水利水电技术，1999，30（9）：45-47.

[61] 姬继法，潘纪顺．应用地质雷达探测小型不良地质体 [J]. 地质与勘探，2002，38（1）：80-82.

[62] 周奇才，冯双昌，李炳杰．不良地质的地质雷达图像模拟与识别 [J]. 地下空间与工程学报，2009，5（a6）：1110-1114.

[63] 孟陆波，李天斌，叶兴军．地质雷达超前预测不良地质体图像的智能识别 [J]. 煤田地质与勘探，2009，37（2）：62-65.

[64] 韩浩东，丁建芳，郭如军．隧道底部不良地质体的地质雷达探测数值模拟及应用 [J]. 现代隧道技术，2014，51（1）：159-163.

[65] 陈兴海，张平松，江晓益．水库大坝渗漏地球物理检测技术方法及进展 [J]. 工程地球物理学报，2014，11（2）：160-165.

[66] 刘鹏茂．基于MPI大地电磁二维正则化反演并行算法研究 [D]. 中南大学，2012.

[67] 童孝忠，柳建新，谢维，徐凌华，郭荣文，程云涛．大地电磁测深有限单元法正演与混合遗传算法正则化反演研究 [J]. 中南大学学报，2009，16（01）：136-142.

[68] Ramm A G. An inverse problem for Maxwell′s equation [J]. Physics Letters A, 1989, 138 (9): 459-462.

[69] Kowalsky M B, Finsterle S, Peterson J. Estimation of field-scale soil hydraulic and dielectric parameters through joint inversion of GPR and hydrological data [J]. Water Resources Research, 2005, 41 (11): 9-20.

[70] Soldovieri F, Persico R, Leone G. Frequency diversity in a linear inversion algorithm for GPR prospecting [J]. Subsurface Sensing Technologies and Applications, 2005, 6 (1): 25-42.

[71] Kalogeropoulos A, Van Der Kruk J, Hugenschmidt J. Full-waveform GPR inversion to assess chloride gradients in concrete [J]. NDT & e International, 2013, 57: 74-84.

[72] Grégoire C, Hollender F. Discontinuity characterization by the inversion of the spectral content of ground penetrating radar (GPR) reflections application of the Jonscher model [J]. Geophysics, 2004, 69 (6): 1414-1424.

[73] Meincke P. Linear GPR inversion for lossy soil and a planar air-soil interface [J]. Transactions on Geoscience and Remote Sensing, 2001, 39 (12): 2713-2721.

[74] 曾昭发，陈雄，李静，陈玲娜，鹿琪，刘凤山. 随机等效介质地质雷达参数递推阻抗反演研究 [J]. 地球物理学报，2015，12 (04)：615-625.

[75] 刘新荣，舒志乐，朱成红，郭子红，李晓红. 隧道衬砌空洞地质雷达三维探测正演研究 [J]. 岩石力学与工程学报，2010，29 (11)：2221-2229.

[76] 李尧，李术才，刘斌，聂利超，张凤凯，徐磊，王传武. 钻孔雷达探测地下不良地质体的正演模拟及其复信号分析 [J]. 岩土力学，2017，38 (01)：300-308.

[77] 蔡迎春，王复明，康海贵. 路面材料介电特性的遗传反演方法应用研究 [J]. 武汉理工大学学报 (交通科学与工程版)，2010，34 (03)：542-544.

[78] 方宏远，李健，钟燕辉，王复明. 路面结构中地质雷达传播精确高效数值模型 [J]. 郑州大学学报 (工学版)，2015，36 (04)：87-91.

[79] Warren, C., Giannopoulos, A., & Giannakis I. An advanced GPR modelling framework -the next generation of gprMax [J]. In Proc. 8th Int. Workshop Advanced Ground Penetrating Radar. 2015.

[80] Giannopoulos, A. Modelling ground penetrating radar by GprMax [J]. Construction and Building Materials, 2005, 19 (10): 755-762.

[81] G. C. Topp, J. L. DavisA. P. Annan. Electromagnetic determination of soil water content: Measurements in coaxial transmission lines [J]. Water Resources Research. Volume 16, Issue 3, 1980, 6: 574-582.

[82] Ernest T. Selig, M. ASCE, Sundru Mansukhani. Relationship of Soil Moisture to the Dielectric Property [J]. Journal of the Geotechnical Engineering Division, Vol. 101, No.

8, 1975, 8: 755-770.

[83] Skierucha, W., Dependence of electromagnetic pulse propagation in the soil on its selected properties [M]. Institute of Agrophysics Polish Academy of Science. lublin. 1994.

[84] Brown. W. F., Dielectric, Encyclopedia of Physics [M]. Vo1. 17, Berlin: Springer, 1956.

[85] H. Looyenga, Dielectric constants of heterogeneous mixtures [M]. Physica, 1965, 3l: 401-406.

[86] Birchak, J. R., Gardner, C. G., Hipp, etc. High Dielectric Constant Microwave Probes For Sensing Soil Moisture [M]. Proc. IEEE, Vol. 62, 1974, No1: 93-98.

[87] Dobson, M. C., Ulaby, F. T., Hallikainen, M. T., El-Rayes, M. A., Microwave dielectric behaviour of wet soil part II: dielectric mixing models [M]. IEEE Trans Geosci. Remote sensing GE-23 (1), 1985: 35-46.

[88] Francesco Avanzi, Marco Carusoa, Cristina Jommib. Continuous-time monitoring of liquid water content in snowpacks using capacitance probes: A preliminary feasibility study [J]. Advances in Water Resources, Vol. 68, 2014, 6: 32-41.

[89] 谢定义，林本海，邵生俊. 岩土工程学 [M]. 北京，高等教育出版社，2008: 227-229.

[90] 谢定义，姚仰平，党发宁. 高等土力学 [M]. 北京，高等教育出版社，2008: 100-101.

[91] K. S. Yee. Numerical Solution of Initial Boundary Value Problems Involving Maxwell' s Equation in Isotropic Media. [J]. IEEE Trans. Autennas Propagat. Vol. AP-14, 1966. 302-307.

[92] Roger L. Roberts, Jeffrey J. Daniels. Modeling near-field GPR in three dimensions using the FDTD method [J]. GEOPHYSICS. Vol: 62, Issue 4. July 1997.

[93] D. Uduwawala, M. Norgren, P. Fuks. A complete FDTD simulation of a real GPR antenna system operating above lossy and dispersive grounds [J]. Progress In Electromagnetics Research. Vol. 50, 2005: 209-229.

[94] Kwan-Ho Lee. Modeling and Investigation of a Geometrically Complex UWB GPR Antenna Using FDTD [J]. Transactions on Geoscience and Remote Sensing, VOL. 52, NO. 8, 2004.

[95] G. Klysz, X. Ferrieres, J. P. Balayssaca. Simulation of direct wave propagation by numerical FDTD for a GPR coupled antenna [J]. NDT & E International.Vol: 39, Issue 4, 2006, 6: 338-347.

[96] G. Klysz, J. P. Balayssac, X. Ferrières. Evaluation of dielectric properties of concrete by a numerical FDTD model of a GPR coupled antenna—Parametric study [J]. NDT & E International. Vol: 41, Issue 8, December 2008: 621-631.

[97] Jacqueline M. Bourgeois. A Fully Three-Dimensional Simulation of a Ground-Penetrat-

ing Radar: FDT Theory Compared with Experiment [J]. Transactions on Geoscience and Remote Sensing, VOL. 34, NO. 1, JANUARY 1996.

[98] Maxwell J C. A Dynamical Theory of the Electromagnetic Field [J]. Proceedings of the Royal Society of London, 1863, 13: 531-536.

[99] Miller Jr W. Symmetry and separation of variables [J]. 1977.

[100] Kress R, Roach G F. Transmission problems for the Helmholtz equation [J]. Journal of Mathematical Physics, 1978, 19 (6): 1433-1437.

[101] Maser K R, Scullion T. Automated pavement subsurface profiling using radar: Case studies of four experimental field sites [J]. Transportation Research Record, 1992 (1344).

[102] Maser K, Scullion T. Influence of asphalt layering and surface treatments on asphalt and base layer thickness computations using radar [J]. 1992.

[103] Maser K R, Scullion T, Briggs R C. Use of radar technology for pavement layer evaluation [J]. NASA STI/Recon Technical Report N, 1991, 93: 21744.

[104] Maser K R, Scullion T, Roddis W M K, et al. Radar for pavement thickness evaluation [M]. Nondestructive Testing of Pavements and Backcalculation of Moduli: Second Volume. ASTM International, 1994.

[105] Maser K R. Ground penetrating radar surveys to characterize pavement layer thickness variations at GPS sites [M]. Strategic Highway Research Program, National Research Council, 1994.

[106] Maser K R, Roddis W M K. Principles of thermography and radar for bridge deck assessment [J]. Journal of transportation engineering, 1990, 116 (5): 583-601.

[107] Roddis W M K. Structural failures and engineering ethics [J]. Journal of Structural Engineering, 1993, 119 (5): 1539-1555.

[108] Roddis W M, Maser K, Gisi A J. Radar pavement thickness evaluations for varying base conditions [J]. Transportation Research Record, 1992.

[109] Wiley R G. Electronic intelligence: The analysis of radar signals [J]. Dedham, MA, Artech House, Inc., 1982. 250 p, 1982.

[110] Gao Lv, Jie Yang, Ning Li, et al. Dielectric Characteristics of Unsaturated Loess and the Safety Detection of the Road Subgrade Based on GPR [J]. Journal of Sensors, vol. 2018, Article ID 5185460, 8 pages, 2018.

[111] Gao Lv, Ning Li, Jie Yang, et al. Inversion Model of GPR Imaging Characteristics of Point Objects and Fracture Detection of Heritage Building [J]. Journal of Sensors, vol. 2018, Article ID 3095427, 10 pages, 2018.

[112] 吕高，杨杰，李宁，等. 基于地质雷达法的非饱和黄土介电特性及界面反射机理研究

[J]. 长江科学院院报，2018，35（3）：110-115.

［113］吕高，杨杰，李宁，胡德秀，张岩. 黄土地基不良地质界面瞬态地质雷达波形FDTD正演分析［J］. 西安理工大学学报，2018，34（02）：185-191+204.

［114］吕高. 黄土填方介电参数特性及地质雷达回波的正演与解译研究［D］. 西安理工大学，2016.